U0542307

柯尔莫戈洛夫

(上)柯尔莫戈洛夫在讲课
(下)柯尔莫戈洛夫在工作

柯尔莫戈洛夫

柯尔莫戈洛夫与中学生在一起

我是怎么成为数学家的

——数学家思想文库

丛书主编　李文林

[俄] 柯尔莫戈洛夫 / 著
姚芳　刘岩瑜　吴帆 / 编译

How I became a mathematician

大连理工大学出版社
Dalian University of Technology Press

图书在版编目(CIP)数据

我是怎么成为数学家的 /(俄罗斯)柯尔莫戈洛夫著;姚芳,刘岩瑜,吴帆编译. -- 大连：大连理工大学出版社,2023.1(2024.5重印)
(数学家思想文库 / 李文林主编)
ISBN 978-7-5685-3985-2

Ⅰ.①我… Ⅱ.①柯… ②姚… ③刘… ④吴… Ⅲ.①数学－普及读物 Ⅳ.①O1-49

中国版本图书馆 CIP 数据核字(2022)第 217966 号

WO SHI ZENME CHENGWEI SHUXUEJIA DE

大连理工大学出版社出版

地址：大连市软件园路 80 号　邮政编码：116023
发行：0411-84708842　邮购：0411-84703636　传真：0411-84707345
E-mail：dutp@dutp.cn　URL：https://www.dutp.cn

辽宁新华印务有限公司印刷　　　　　大连理工大学出版社发行

幅面尺寸：147mm×210mm　插页：2　印张：9.625　字数：190 千字
2023 年 1 月第 1 版　　　　　　　　2024 年 5 月第 2 次印刷

责任编辑：王　伟　　　　　　　　　责任校对：周　欢
　　　　　　　　　封面设计：冀贵收

ISBN 978-7-5685-3985-2　　　　　　　　定　价：69.00 元

本书如有印装质量问题,请与我社发行部联系更换。

合辑前言

"数学家思想文库"第一辑出版于 2009 年,2021 年完成第二辑。现在出版社决定将一、二辑合璧精装推出,十位富有代表性的现代数学家汇聚一堂,讲述数学的本质、数学的意义与价值,传授数学创新的方法与精神……大师心得,原汁原味。关于编辑出版"数学家思想文库"的宗旨与意义,笔者在第一、二辑总序"读读大师,走近数学"中已做了详细论说,这里不再复述。

当前,我们的国家正在向第二个百年奋斗目标奋进。在以创新驱动的中华民族伟大复兴中,传播普及科学文化,提高全民科学素质,具有重大战略意义。我们衷心希望,"数学家思想文库"合辑的出版,能够在传播数学文化、弘扬科学精神的现代化事业中继续放射光和热。

合辑除了进行必要的文字修订外,对每集都增配了相关数学家活动的图片,个别集还增加了可读性较强的附录,使严肃的数学文库增添了生动活泼的气息。

从第一辑初版到现在的合辑，经历了十余年的光阴。其间有编译者的辛勤付出，有出版社的锲而不舍，更有广大读者的支持斧正。面对着眼前即将面世的十册合辑清样，笔者与编辑共生欣慰与感慨，同时也觉得意犹未尽，我们将继续耕耘！

李文林

2022年11月于北京中关村

读读大师　走近数学
——"数学家思想文库"总序

数学思想是数学家的灵魂

数学思想是数学家的灵魂。试想:离开公理化思想,何谈欧几里得、希尔伯特?没有数形结合思想,笛卡儿焉在?没有数学结构思想,怎论布尔巴基学派?……

数学家的数学思想当然首先体现在他们的创新性数学研究之中,包括他们提出的新概念、新理论、新方法。牛顿、莱布尼茨的微积分思想,高斯、波约、罗巴切夫斯基的非欧几何思想,伽罗瓦"群"的概念,哥德尔不完全性定理与图灵机,纳什均衡理论,等等,汇成了波澜壮阔的数学思想海洋,构成了人类思想史上不可磨灭的篇章。

数学家们的数学观也属于数学思想的范畴,这包括他们对数学的本质、特点、意义和价值的认识,对数学知识来源及其与人类其他知识领域的关系的看法,以及科学方法论方面的见解,等等。当然,在这些问题上,古往今来数学家们的意见是很不相同,有时甚至是对立的。但正是这些不同的声音,合成了理性思维的交响乐。

正如人们通过绘画或乐曲来认识和鉴赏画家或作曲家一样，数学家的数学思想无疑是人们了解数学家和评价数学家的主要依据，也是数学家贡献于人类和人们要向数学家求知的主要内容。在这个意义上我们可以说：

"数学家思，故数学家在。"

数学思想的社会意义

数学思想是不是只有数学家才需要具备呢？当然不是。数学是自然科学、技术科学与人文社会科学的基础，这一点已越来越成为当今社会的共识。数学的这种基础地位，首先是由于它作为科学的语言和工具而在人类几乎一切知识领域获得日益广泛的应用，但更重要的恐怕还在于数学对于人类社会的文化功能，即培养发展人的思维能力，特别是精密思维能力。一个人不管将来从事何种职业，思维能力都可以说是无形的资本，而数学恰恰是锻炼这种思维能力的"体操"。这正是为什么数学会成为每个受教育的人一生中需要学习时间最长的学科之一。这并不是说我们在学校中学习过的每一个具体的数学知识点都会在日后的生活与工作中派上用处，数学对一个人终身发展的影响主要在于思维方式。以欧几里得几何为例，我们在学校里学过的大多数几何定理日后大概很少直接有用甚或基本不用，但欧氏几何严格的演绎思想和推理方法却在造就各行各业的精英人才方面有着毋庸否定的意义。事实上,从牛顿的《自然哲学的数学原理》到爱因斯坦的相对论著作,从法国大革命的《人权宣言》到马克思的《资本论》,乃至现代诺贝尔经济学奖得主们的论著中,我们都不难看到欧几里得的身影。另一方面,数学的定量化思想更是以空前的广度与深度向人类几乎所有的知识领域渗透。数学,从严密的论证到精确的计算,为人类提供了精密思维的典范。

一个戏剧性的例子是在现代计算机设计中扮演关键角色的"程序内存"概念或"程序自动化"思想。我们知道,第一台电子计算机(ENIAC)在制成之初,由于计算速度的提高与人工编制程序的迟缓之间的尖锐矛盾而濒于夭折。在这一关键时刻,恰恰是数学家冯·诺依曼提出的"程序内存"概念拯救了人类这一伟大的技术发明。直到今天,计算机设计的基本原理仍然遵循着冯·诺依曼的主要思想。冯·诺依曼因此被尊为"计算机之父"(虽然现在知道他并不是历史上提出此种想法的唯一数学家)。像"程序内存"这样似乎并非"数学"的概念,却要等待数学家并且是冯·诺依曼这样的大数学家的头脑来创造,这难道不耐人寻味吗?

因此,我们可以说,数学家的数学思想是全社会的财富。数学的传播与普及,除了具体数学知识的传播与普及,更实质性的是数学思想的传播与普及。在科学技术日益数学化的今天,这已越来越成为一种社会需要了。试设想:如果越来越多的公民能够或多或少地运用数学的思维方式来思考和处理问题，那将会是怎样一幅社会进步的前景啊！

读读大师　走近数学

数学是数与形的艺术，数学家们的创造性思维是鲜活的，既不会墨守成规，也不可能作为被生搬硬套的教条。了解数学家的数学思想当然可以通过不同的途径，而阅读数学家特别是数学大师的原始著述大概是最直接、可靠和富有成效的做法。

数学家们的著述大体有两类。大量的当然是他们论述自己的数学理论与方法的专著。对于致力于真正原创性研究的数学工作者来说，那些数学大师的原创性著作无疑是最生动的教材。拉普拉斯就常常对年轻人说："读读欧拉，读读欧拉，他是我们所有人的老师。"拉普拉斯这里所说的"所有人"，恐怕主要是指专业的数学家和力学家，一般人很难问津。

数学家们另一类著述则面向更为广泛的读者，有的就是直接面向公众的。这些著述包括数学家们数学观的论说与阐释（用哈代的话说就是"关于数学"的论述），也包括对数学知识和他们自己的数学创造的通俗介绍。这类著述与"板起面孔讲数学"的专著不同，具有较大的可读性，易于为公众接受，其中不乏脍炙人口的名篇佳作。有意思的是，一些数学大师往往也是语言大师，如果把写作看作语言的艺术，他们的这些作品正体现了数学与艺术的统一。阅读这些名篇佳作,不啻是一种艺术享受,人们在享受之际认识数学,了解数学,接受数学思想的熏陶,感受数学文化的魅力。这正是我们编译出版这套"数学家思想文库"的目的所在。

"数学家思想文库"选择国外近现代数学史上一些著名数学家论述数学的代表性作品,专人专集,陆续编译,分辑出版,以飨读者。第一辑编译的是 D. 希尔伯特(D. Hilbert,1862—1943)、G. 哈代(G. Hardy,1877—1947)、J. 冯·诺依曼(J. von Neumann,1903—1957)、布尔巴基(Bourbaki,1935—)、M. F. 阿蒂亚(M. F. Atiyah,1929—2019)等 20 世纪数学大师的文集(其中哈代、布尔巴基与阿蒂亚的文集属再版)。第一辑出版后获得了广大读者的欢迎,多次重印。受此鼓舞,我们续编了"数学家思想文库"第二辑。第二辑选编了 F. 克莱因(F. Klein,1849—1925)、H. 外尔(H. Weyl,1885—1955)、A. N. 柯尔莫戈洛夫(A. N. Kolmogorov,1903—1987)、华罗庚(1910—1985)、陈省身(1911—2004)等数学巨匠的著述。这些文集中的作品大都短小精练,魅力四射,充满科学的真知灼见,在国内外流传颇广。相对而言,这些作品可以说是数学思想海洋中的珍奇贝壳、数学百花园中的美丽花束。

我们并不奢望这样一些"贝壳"和"花束"能够扭转功利的时潮,但我们相信爱因斯坦在纪念牛顿时所说的话:

"理解力的产品要比喧嚷纷扰的世代经久,它能经历好多个世纪而继续发出光和热。"

我们衷心希望本套丛书所选编的数学大师们"理解力的产品"能够在传播数学思想、弘扬科学文化的现代化事业中放射光和热。

读读大师,走近数学,所有的人都会开卷受益。

李文林

(中科院数学与系统科学研究院研究员)

2021 年 7 月于北京中关村

译者序

刊登在《量子》(*Квант*)上的《函数是什么》[①]是我最初读过的柯尔莫戈洛夫(1903—1987)的通俗数学读物。这是一篇关于函数概念的经典文章,用简单的数学例题和直观图形将函数的思想表达得十分清晰。在这之前,我看到的有关数学思想的文章都是用文字和语言描述的,中学生理解起来比较困难。

《函数是什么》这篇文章于 1970 年在苏联发表。当时,柯尔莫戈洛夫 67 岁,正在领导苏联的数学教育改革。也是继 1939 年(36 岁)当选苏联科学院院士、1966 年(63 岁)当选苏联教育科学院院士之后,他在苏联数学和数学教育领域具有巨大影响力的时期。

那时,柯尔莫戈洛夫发表了一系列通俗数学读物,是他创作数学通俗读物的高峰时期。23 年之后,1993 年,纪念柯尔莫戈洛夫九十诞辰之际,《量子》又在第 5 期重新刊登了《函

---

① 柯尔莫戈洛夫.函数是什么.量子.1970(1):27-36.

数是什么》。

"数学思想是数学家的灵魂。"①在接受"数学家思想文库"主编李文林老师邀请编译柯尔莫戈洛夫的文章时,我首先想到的是柯尔莫戈洛夫关于数学的这些通俗文章。在这些文章中,这位伟大的数学家身体力行,把现代数学的理论和思想用中学生可以读懂的方式写了出来。

数学内容可以通过符号、符号运算或直观图展示出来,但数学思想却隐藏在这些数学符号和语言之中。有的时候,只有数学家能"看到"隐藏在符号和语言之中的数学思想。并且,在能"看到"的数学家中,也只有部分数学家能把"看到"的数学思想表达出来,一小部分数学家能把"看到"的数学思想用中学生理解的方式讲出来。柯尔莫戈洛夫就是这样的数学家之一。

柯尔莫戈洛夫一生喜欢数学,研究数学,培养数学人才,对数学和数学教育的发展做出了重大贡献。本书共分为四部分。"数学史和数学思想"是柯尔莫戈洛夫对数学的一般看法的文章;"数学——科学和职业"是柯尔莫戈洛夫的自传《数学——科学和职业》中他对数学学习和研究的成长经历;"给中学生的通俗数学讲座"是柯尔莫戈洛夫关于下一代数学人才培养的一些文章,以及他写给中学生的文章;"附录"

---

① 摘自李文林为"数学家思想文库"写的总序(大连理工大学出版社,2019).

是数学家阿尔诺德对于柯尔莫戈洛夫的回忆文章和柯尔莫戈洛夫的学生图系。

"我是怎么成为数学家的"选自柯尔莫戈洛夫的自传《数学——科学和职业》以及《量子》杂志。《量子》杂志中选择的都是与俄罗斯数学物理学校相关的文章。柯尔莫戈洛夫在数学教育工作中最重要的工作就是创建和发展了俄罗斯的数学物理学校。这些数学物理学校现在已经成为俄罗斯数学教育的优秀传统而被国际数学教育界广泛关注并引入且进行研究。此处翻译的四篇文章"迈向科学之路""学校可以解决自己的基本任务""为什么成立大学附属数学物理学校？""莫斯科大学附属数学物理学校的15年"，是关于数学物理学校的创建和最初15年发展的文章。这些珍贵的文献首次被译为中文，在本书中按照发表的时间顺序进行排列。

全书由姚芳选编、统稿并定稿。"数学史和数学思想"中的"数学符号语言"、"给中学生的通俗数学讲座"中的"二元或多元变量函数和它们的图像之间的关系""平面几何与平面运动"由刘岩瑜完成初译。"给中学生的通俗数学讲座"中的"埃拉托斯特尼筛法""正多边形镶嵌""变换群""关于希尔伯特第十问题的解答""关于希尔伯特第十问题解答者的几句话"由吴帆完成初译。其余内容由姚芳翻译。姚芳对全书内容进行了反复打磨与修改。

感谢李文林老师对本书出版的耐心等待、鼓励与支持。

选编和翻译的过程并不是很顺利,在我几乎放弃之时,李老师的宽容和信任让我重拾信心,最终完成了本书的翻译。感谢北京市教育委员会科技创新服务能力建设项目(19530050089)的资助。

希望这位伟大数学家的思想能够惠及中国的青少年数学英才、数学爱好者以及数学教育工作者。

姚 芳

2020 年 10 月于首都师范大学

目　录

合辑前言 / i
读读大师　走近数学——"数学家思想文库"总序 / iii
译者序 / ix

数学史和数学思想

历史发展中的数学 / 2
数　学 / 12
数学符号发展简史 / 35
数学符号语言 / 53
数学才能 / 64

数学——科学和职业

我是怎么成为数学家的 / 71
职业数学家 / 93

对数学研究工作特点的几点注记 / 98
数学小组·数学竞赛·
　　独立准备大学入学考试 / 101
初等数学与高等数学 / 104
迈向科学之路 / 109
学校可以解决自己的基本任务 / 113
为什么成立大学附属数学物理学校？/ 116
莫斯科大学附属数学物理学校的 15 年 / 119

给中学生的通俗数学讲座

函数是什么 / 125
二元或多元变量函数和它们的
　　图像之间的关系 / 139
半对数与对数网格 / 151
平面几何与平面运动 / 162
埃拉托斯特尼筛法 / 203
数学中的无穷 / 206
正多边形镶嵌 / 212
变换群 / 218
关于希尔伯特第十问题的解答 / 225
关于希尔伯特第十问题解答者的
　　几句话 / 240

附 录

附录 1 回忆柯尔莫戈洛夫 / 244

附录 2 柯尔莫戈洛夫的学生图系 / 281

译后记 / 284

数学高端科普出版书目 / 289

数学史和数学思想

历史发展中的数学[①]

数 学

数学是关于现实世界的数量关系和空间形式的一门科学。数学与自然科学和技术上的需要有着不可分割的密切联系。随着自然科学和技术的发展,数学所研究的数量关系和空间形式的储备不断扩大,以至数学的这个一般定义含有越来越丰富的内容。

数学是一门具有独特的研究对象和研究方法(逻辑推理方法)的特殊科学,但是只有在积累了足够多的实际材料之后,人们才有可能明确地认识到它的独立地位。而最早在公元前 6 世纪至公元前 5 世纪,古希腊人就具有这样的明确认识。在此之前的数学发展当然属于数学的萌芽时期,而公元前 6 世纪至公元前 5 世纪正是初等数学(elementary mathematics)时期的开端。在这两个最早的时期(萌芽时期和初等

[①] 本文译自:柯尔莫戈洛夫为 B. A. 乌斯别斯基、Г. A. 柯涅坚克主编的《历史发展中的数学》所写的序言。莫斯科:科学出版社,1991:3-6. (А. Н. Колмогоров,"Математика в ее историческом развитии"/Под ред. В. А. Успенского, сост. Г. А. Гальперин. Москва:Наука, 1991:3-6.)

数学时期)内,数学的研究只涉及很有限的基本概念的储备,这些概念是在历史发展的很早阶段由于经济生活上的最简单的需要而产生的。这些基本数学概念能够满足最初的力学和物理学问题的需要。

在17世纪,自然科学和技术中的新问题迫使数学家集中注意于创造方法,以便对运动、量的变化过程以及几何图形的变换进行数学研究。随着解析几何中变量的使用和微积分的建立,开始了变量数学(mathematics of variable quantities)即高等数学(higher mathematics)时期。

由于数学所研究的数量关系和空间形式的范围继续扩大,在19世纪初叶就需要把数学研究对象的扩大过程本身作为数学研究的一个论题而有意识地进行处理。面临的任务是要以相当普遍的观点对可能有的各式各样的数量关系和空间形式进行系统的研究。在这方面的第一个重大进步就是 Н. И. 罗巴切夫斯基(Н. И. Лобачéвский)创立了"拟想"几何学。这类研究的开展在数学中引起了新的特征,以至19世纪和20世纪的数学当属于一个特殊的近代数学(modern mathematics)时期。

数学的萌芽　由于物件计数的需要,在文化发展的最早阶段就产生了最简单的自然数算术概念,但是在口头记数法已经发展完成的基础上才出现书写的记数法,并逐渐产生对自然数实施四则算术运算的方法。由于测量(谷物数量、路程长度)的需要,导致出现了最简单的分数的名称和记法并产生了对分数实施四则运算的方法。这样,资料积累起来,便逐渐形成了最古老的一门数学学科:算术(arithmetic)。对面积和体积的测定,建筑技术上及稍后天文学上的需要,则引起了几何学(geometry)的初步发展。这些过程在很大程度上曾独立地与平行地在许多民族中发生。在埃及和巴比伦,算术与几何知识的积累,对于后来科学的发展起了特别重要的作用。在巴比伦,在已经发达的算术技巧的基础上也出现了代数学(algebra)的萌芽,而由于天文学上的需要则出现了三角学(trigonometry)的萌芽。

初等数学时期　只有在累积了大量算术计算中零星的方法、确定面积和体积的方法等具体的资料以后,数学才兴起而成为一门独立的科学。对于其所用方法的特殊性,对于基本概念和命题在充分普遍的形式中系统发展的必要性,才有明确的认识。就算术和代数学而言,这个过程在巴比伦早已开始。但是这种新的趋向,即系统地和逻辑一贯地建立数学科学的基础,却是在古希腊才完全确定的。古希腊人所创造的初等几何学的表述系统,两千多年来一直是数学理论演绎结构的范例。从算术逐渐发展出数论(number theory),又出现了关于量和测量的系统学说,实数概念(随着量的测定问题)的形成过程是非常长久的。问题在于无理数和负数的概念与自然数、分数或几何图形的概念不同,属于比较复杂的数学抽象,在科学出现以前的人类经验中是没有充分牢固的支柱的。代数学作为一种字母演算来建立,只是在这个时期的末尾才完成。测地学和天文学的发展很早便促进了平面及球面三角学的研究。当数学兴趣的重心转移到变量数学方面的时候,初等数学时期结束了(在西欧是 17 世纪初叶)。

变量数学建立的时期　　从 17 世纪起,开始了数学发展中的一个崭新时期。这时,数学研究的数量关系和空间形式的范围已不再限于数、量和几何图形了。这主要是因为在数学中已引入了运动和变化的观念。在代数学中早就以隐蔽的形式出现了含有变量与变量之间依赖性的观念(和的值依赖于相加的各项的值,等等)。但是要想了解变化过程中的数量关系,就必须把量与量之间的依赖性本身作为独立的研究对象。因此,函数(function)概念被提到首要地位,这个概念以后就成为基本的和独立的研究对象。正如从前的量或数的概念一样,对变量和函数依赖性的研究导致数学分析的一些基本概念,如极限、导数、微分和积分的概念的建立,因而在数学中引入了无穷的思想。无穷小分析首先以微分学(differential calculus)和积分学(integral calculus)的形式被建立起来了,这就把变量的有限变化同变量在其个别所取值的接近邻域内的性态联系起来了。力学和物理学的基本定律被写成微分方程,而求解这些方程的问题就成为数学的重要课题之一。寻求由另一类条件(某些相关量取极大值或极小值的条件)确定的未知函数,则构成变分学(variational calculus)的论题。这样,除了以数作为未知量的方程以外,又出现了另一类方程,这一类方程中一些函数是未知的、待定的。

随着图形的运动与变换观念引入几何学,几何学的研究对象也大大地扩充了。几何学开始研究运动和变换本身。例如,在射影几何学(projective geometry)中,平面或空间的射影变换集合就是基本研究对象之一。然而,这些思想的有意识地发展还只是在18世纪末和19世纪初。很久以前,随着解析几何学(analytic geometry)在17世纪的建立,几何学同数学的其他分支的关系起了根本变化。那时已找到了一种普遍的方法把几何问题转换为代数学和分析学的语言,并巧妙地用代数和分析的方法来解决;另一方面,又发现了把代数和分析的事实用几何方法来表现的广泛可能性,例如用图形来表示函数关系。

近世数学 在17世纪和18世纪建立的数学分析各分支,在19世纪和20世纪都以很大的强度继续发展。科学和技术问题的应用范围这时也大为扩充。但是,除了这种数量上的增长以外,18世纪末和19世纪初在数学发展中还出现了一些本质上崭新的特征。

在17世纪和18世纪所积累起来的大量实际资料,使得进行深入的逻辑分析并把这种分析同新的观点相结合成为必要的了。这时数学同自然科学的关系,虽然紧密的程度在实质上并未消减,却已具有十分复杂的形式了。重大新理论的产生,不仅是由于自然科学或技术的直接需要,也由于数学本身的内在需求。19世纪初叶和中叶在全部数学分支中占有中心地位的复变函数论(theory of functions of a complex variable),大体上正是这样发展起来的。作为数学内在发展的结果而兴起的理论的另一个精彩例子是罗巴切夫斯基几何学(Lobachevsky geometry)。

比较直接地和不断地依靠力学和物理学的需要而成长起来的是向量和张量分析。向量和张量概念转向无穷维量,则是在泛函分析(functional analysis)的框架内发生的,并与现代物理学的需要有着密切的联系。这样,由于数学内在的需要,也由于自然科学的新的需要,数学所研究的数量关系和空间形式大大地扩充起来。在数学中引入了存在于任何群的元素之间的、向量之间的、函数空间中的算子之间的关系,各种各样任意维数的空间形式,等等。

在19世纪开始的这个数学发展阶段,其本质上新异之处在于研究的数量关系和空间形式必须扩大范围的问题本身,已成为数学家自觉地和积极地感兴趣的对象。要是在从前,例如,负数和复数的引入及其运算法则的准确形成需要长期的努力,那么现在数学的发展则要求拟定一些方法来有意识、有计划地建立新的几何和代数系统。

在 19 世纪数学对象的极大扩充引起人们密切注意数学"基础"问题,即批判地修正数学的初始原理(公理),构成定义和证明的严格系统,以及批判性地考察这些证明中所用到的逻辑方法。对于在发展个别数学理论时数学家的实际工作中提出的逻辑严格性的标准要求,直到 19 世纪末才完全形成。深入和仔细分析对证明逻辑严格性的要求、数学理论的构成以及数学问题的算法可解性和不可解性问题,就是数理逻辑(mathematical logic)的研究对象。

在 19 世纪初叶,数学分析的应用范围有了新的较大扩展。以前,需要大量数学工具的物理学基本分支是力学和光学。现在,又加上了电动力学、磁学和热力学。连续介质力学这个重要分支也得到了广泛发展。技术上对数学的需要也迅速增强。作为力学和数学物理一些新领域的基本工具而被深入发展的,是常微分方程(ordinary differential equation)、偏微分方程(partial differential equation)和数学物理方程(equations of physics mathematical)的理论。

微分方程理论是流形拓扑学研究的出发点,从这里得到了代数拓扑学(algebraic topology)中的"组合"方法、"同调"方法和"同伦"方法的起点。在集合论(set theory)和泛函分析（functional analysis）的基础上产生了其他拓扑学分支，并导致系统构成一般拓扑空间理论。

在对自然的研究和技术问题的求解中，作为对微分方程方法的一种重要补充的，是概率论（pro-bability）方法。在19世纪末叶和20世纪初叶，由于随机过程论（stochastic process）的建立和数理统计（mathematical statistics）工具的发展，概率论有了许多新的应用。

在19世纪，数论的许多个别的结果和思想，在各个方向上发展成为系统的理论。

代数学研究重心转移到一些新的代数学领域：群、环、域理论以及一般代数结构。在代数学和几何学交界处，产生了连续群理论，其方法后来渗入数学的一切新领域以及自然科学中。

初等几何学和射影几何学主要是从研究其逻辑与公理基础的观点上引起数学家的注意的。但是吸引大量科学力量进行研究的几何学基本领域是：微分几何学（differential geometry）、代数几何学（algebraic geometry）和黎曼几何学（Riemannian geometry）。作为在无理数的严格算术理论和集合论的基础上系统构造数学分析的结果之一，产生了实变函数论（theory of functions of a real variable）。

当应用纯数学研究结果解决实际问题时,往往要求给出问题的数值形式的解。但是,即使对问题进行了充分的理论分析之后,这通常还是极困难的。因此,在 19 世纪末叶和 20 世纪初叶产生的分析和代数的数值方法,随着电子计算机的制造和使用逐渐发展成为一门独立的数学分支:计算数学(computational mathematics)。

现代数学的这些突出的基本特征及上面列举的数学分支的基本研究方向,在 20 世纪已经形成。尽管在 20 世纪数学有了突飞猛进的发展,这种数学各分支划分的框架在很大程度上被保留下来。但是,数学本身发展的要求,各科学领域的"数学化",数学方法向许多实际活动领域的渗透,以及计算技术的迅速进步,导致数学家对数学各个分支研究兴趣的变迁和融合,并导致一系列新的数学科目的出现,例如自动机理论(theory of automata)、信息论(information theory)、对策论(theory of games)、运筹学(operations research)、控制论(cybernetics)、数理经济学(mathematical economics)。在控制系统(control system)理论问题的基础上,产生了组合分析(combinatorial analysis)、图论(graph theory)、编码理论(coding theory)和离散分析(discrete analysis)。由微分方程所描述的物理或数学系统的最优(在某种意义下)控制问题,产生了最优控制的数学理论(mathematical theory of optimal control)。

一般控制问题以及有关的数学课题的研究,随着计算技术的进步,为人类活动的一些新领域的自动化奠定了基础。

(张鸿林译,姚芳校编)

数　学[1]

　　数学（希腊语 $\mathit{мα\theta ηмα тκα}$，源于 $\mathit{мα\theta ημα}$，意为科学）——是关于现实世界的数量关系和空间形式的科学[2]。可以将数学定义为与其他科学和技术相联系的科学，然而，这并不意味着抽象的数学就是与物质世界相脱离的。由于数学与自然科学和技术的联系是与其需求方面的联系，因此，随着数学的研究对象——数量关系和空间形式的不断积累和发展，数学的这个一般定义就具有了越来越丰富的内涵。

　　数学与其他科学　　数学具有广泛的应用性。原则上讲，数学方法的应用范围无局限性，可以用数学方法研究所有物质的运动状态。只是，这种应用在不同状态下的作用和意义并不相同，还没有具体实际现象用确定的数学方案无法解

---

　　① 本文译自：柯尔莫戈洛夫. 苏联大百科全书. 2 版. 1954，26 卷：464-483.（Большой Советской Энциклопедии——второе издание-БЭС-2, —1954-Т. 26-С. 464-483.）

　　② "研究现实世界的数量关系和空间形式的纯粹数学，其研究对象变得越来越现实，这些材料的极其抽象的形式可能掩盖了其外部来源，但为了以纯粹的形式研究这些关系和形式，必须使它们完全和其内容相脱离，留下与任何东西无联系的一面。"(Энгельс Ф. Анти-Дюринг // Маркс К. ,Энгельс Ф. Соч. -2-е изд. -Т. 20-С. 37)(摘自：恩格斯. 反杜林论 // 马克思恩格斯全集（俄文版）. 2 版. 20 卷：37.）——译者

决。因此，存在着两种不同的知识的形成过程。其一，对所研究现象进行逻辑分析，从而分离出其形式。其二，有些因素并没有体现在分离形式的分析中，从而过渡到对其周围现象的新的更为灵活和完整的形式的研究。如果是后者，即对某一类现象的研究是对这种现象的新的方面的研究，数学方法则会出现在预定步骤之后。此时，需要对现象的所有方面进行辩证分析，因而掩盖了数学抽象。

相反，如果所研究现象的基本形式是比较简单和稳定的，并且会以较高的准确性和充分性支配控制现象，那么，在这种确定的形式中就会产生相当难、相当复杂的专业数学问题，包括对其解建立专门的算法和记录符号。如此，我们就会落入数学方法中，例如，行星运动理论就完全受制于数学方法，万有引力定律具有非常简单的数学表达式，现象的范围几乎完全由它确定。

在我们能准确观察到的范围中，除了月球运动理论，星球的运动问题都可以用数学上的点来代替星球，从而忽略星球的形状和大小，于是，星球运动问题就变为在引力作用下 n 个物质点的运动问题。$n=3$ 时，依然是一个难题。但是，在现实中，每一个通过数学方法得到的所研究现象的运动系统，其结果均具有高度的准确性。因此，逻辑地看，简单的系统反而能很好地反映所研究现象的范围，而从接受的系统中分离出数学结果是难度所在。

从力学到物理虽然并没有削弱数学方法的作用,但是其应用的难度却大大增加了。在物理中,几乎没有不需要运用近代数学工具的领域。只是,基本难度不是数学应用的进展,而是对运用数学方法得到结果的分析和解释。从这个意义上讲,虽然数学工具深入和独到地应用于现代量子力学,但是对于一些经典物理领域(经典热力学、电力学等)而言,其研究可视为在变更小范围受数学方法的控制。

在实际认识中,数学方法遍及从一个阶段向更高、更优的新阶段过渡的整个过程,我们可以在物理的一系列实例中观察到这一点。扩散统计理论起源于研究扩散物质的个别粒子的运动,这一理论与物质连续扩散的宏观扩散理论的相互关系就是一个经典实例。在早期研究中,满足适当的曲线初始条件下,扩散物质的密度可以由确定的偏微分方程求解。求解这个偏微分方程时,衍生出各种扩散问题。而事物的实际过程可以准确地由物质连续扩散理论确定。从宏观来看,事物通常在时空中进行,而从微观来看(直至涉及很少量的扩散粒子),密度概念本身却没有确定性。因此,扩散统计论研究的出发点是扩散粒子在溶剂分子撞击作用下的宏观随机位移,这些宏观位移的准确规律是未知的。

当然,我们也可以得到一个确定的数量结果,即应用数学中的概率理论(研究小时间段中少量且独立的位移粒子的规律,一般情况下,在两个有序的时间段中的位移规律),在大(宏观)时间段中,对粒子确定其(近似)概率分布规律。假设粒子间的位移相互独立,那么由于扩散物质的单独粒子数量很大,其概率分布规律使单独粒子的位移形成整体的完全的和已经不是随机的规律,即满足在连续理论上建立的那些微分方程。

生物现象中的数学理论　在生物学中,数学方法起到了更为依附的作用。如果生物学现象的过程能用数学方法描述,那么其领域十分有限,但某些数学公式可以粗略逼近生物现象实际进程的相符性。

数学科学具有独特的研究对象和研究方法(逻辑推理方法),但是只有积累了足够多的实际材料之后,才有可能明确认识到它的独立性;在古希腊,最早在公元前 6 世纪至公元前 5 世纪,就具有这样的明确认识。此前,数学发展处于萌芽时期,初等数学(elementary mathematics)时期则是在公元前 6 世纪至公元前 5 世纪时开始,在这两个数学发展的最早时期内,数学研究的对象只涉及有限的基本概念的储备,这些概念储备是在历史发展的很早阶段,由于经济生活上的最简单的需要而建立的。这些基本数学概念的储备,也可以满足最初的力学和物理学问题的需要。

19 世纪初,数学分析的应用范围有了很大的新扩展。之前,物理学中用到很多数学分支的主要是力学和光学,而现在又增添了电动力学、磁学和热力学,并且连续介质力学的各个重要分支因此也得到了空前的发展。只有理想不可压缩流体动力学是早在 18 世纪就已经由丹·伯努利、欧拉、达朗贝尔和拉格朗日建立起来并迅速发展的。在 19 世纪初,技术上对数学还有要求的,就是关于蒸汽机热力学、技术学与弹道学的相关问题。

在数学物理与力学的新领域中,偏微分方程理论研究作为主要工具而得到加强,尤其是位势理论(theory of potential)。在 19 世纪初到中叶这段时间里,大多数分析学大师如高斯、傅里叶、泊松、柯西、迪利赫列、格林、奥斯特罗哥拉斯基都在这方面有过贡献。奥斯特罗哥拉斯基奠定了多元函数变分学的基础,他找到了化三重积分为二重积分的著名公式(1828 年,发表于 1831 年),并将其推广到 n 维空间(1834 年,发表于 1838 年),改进了多重积分变量代换理论(1836 年,发表于 1838 年),实质上已经求得了后来(1841 年)雅克比对一般 n 维情形所做出的简洁结果。在英国数学家斯托克斯[①]等人的著作中,可以看到对数学物理方程的研究,这些研究导致了向量分析的产生。从本质上讲,其中的一个主要公式——斯托克斯公式就是上述奥斯特罗哥拉斯基公式。

虽然在 19 世纪初的自然科学中一切自然现象可以用微

---

① 斯托克斯(George Gabriel Stokes,1819—1903),英国数学家、力学家。——译者

分方程来描述的机械论信念占有优势，概率论在实际需要的压力下还是得到了更进一步的重大发展。拉普拉斯和泊松为此创造了一簇新而有力的分析工具。在俄国，奥斯特罗哥拉斯基和布亚科夫斯基研究了概率论在产品验收控制和统计学上的应用，切比雪夫严格地确定了概率论的要素，并证明了他的著名定理（1867年），这个定理把先前所有已知的各种形式的大数定律归结为一个普遍的公式。

综上所述，自19世纪初，除了因满足自然科学与技术的新需要而产生的研究工作外，分析严格化问题也引起了数学家的高度关注。1821年和1823年，柯西将他在工艺学院的教课讲义公开发表，极限理论和级数理论的严格阐述包含其中，还有连续函数的定义，以及以极限理论为基础的微积分学（其中有连续函数的积分存在定理）。之后，又发表了对相关表述的补充材料以及关于微分方程解的存在唯一性定理。罗巴切夫斯基（1834年）、迪利赫列（1837年）明确地将函数定义为任意的对应关系。1829年和1837年，迪利赫列还证明了具有有限个极值的任意函数可以表达为傅里叶级数。1834—1835年，罗巴切夫斯基超越前人，给出了傅里叶级数收敛的普遍条件。

丹麦的测地学家维塞尔出版了含有复数几何解释的著作，但这部著作并未引起注意。1799年，高斯发表了代数基本定理的第一个证明，而在定理的陈述中只是谨慎而又纯粹地运用了实数术语,即实系数多项式可以分解为一次因子和二次因子的乘积。在很久以后,1831年,高斯才明确了复数理论。另一方面,1806年,阿尔干就发表了有几何解释的复数理论以及达朗贝尔引理的证明,并在1815年发表了代数基本定理的一个证明。在观念上,这个证明相似于后来(1821年)柯西给出的证明。

这样,复数及其性质被明确了解之后,就建立了复变函数论基础。在这一领域,虽然高斯了解极多,但几乎都不曾发表文章,柯西奠定了这一理论的一般基础。阿贝尔和雅克比发展了椭圆函数理论。可见,不同于18世纪纯粹使用算法的手段,这一阶段的关注点已经集中于研究复变量函数的形态特征及其占有优势的基本几何特性。例如,柯西发现了泰勒级数的收敛半径跟奇点分布的相关性。在19世纪中叶,从某种意义上说,复变函数论的这一"定性的"和几何的特征,在黎曼的手中变得益发明显。因此,多值解析函数的天然定义域不是在复平面上而是在相应的黎曼面上,后一种构造的性质只有在前述对几何学所做的新解释的范围内才能够理解。

虽然,魏尔斯特拉斯通过纯粹的算术分析也达到了与黎曼一样的一般结果,但是,后来复变函数的思想方法都是越来越多地由黎曼几何概念确定。

在复变函数论的高速发展时期，对实变函数论中的具体问题产生兴趣的最重要的数学家代表是切比雪夫，其鲜明表现就是他从机械学理论的需要出发建立了最佳逼近论。

在代数学中，鲁菲尼和阿贝尔证明了一般五次代数方程不能用根式求解。之后，伽罗瓦证明了，代数方程能否根式解的问题取决于方程的伽罗瓦群是否可解。凯莱则建立了对群的一般抽象研究。但也应该指出，只有在20世纪70年代约尔当的著作出版以后，群论的重要性才得到普遍的承认。代数数域的概念也源于伽罗瓦与阿贝尔，并且由此产生了一门新的数学学科——代数数论。

在19世纪，还有对数论中与整数的最简单性质相关的古老问题的研究，实质上也上升到了崭新阶段。高斯对能否用二次型表达给定整数的问题进行了研究，有关自然数中素数分布稠密性的主要结果由切比雪夫得到，迪利赫列证明了等差数列中有无穷多个素数存在的定理（素数定理）。

1827年，高斯建立了曲面的微分几何学。由罗巴切夫斯基创立的非欧几何学，对于形成几何对象新观念具有根本性的重要意义。事实上，罗巴切夫斯基建立非欧三角学与非欧解析几何学的同时，已经确立了这一新的几何学。

长期以来，公理体系的一致性、完备性研究所需与非欧几何学并无关系，而此时平行发展的是射影几何学，以法国数学家庞斯列、瑞士数学家斯坦纳、德国数学家斯陶特为代表的数学家发展了这个几何分支。空间的旧观点在本质上的改变也与射影几何学的建立有关。德国数学家普吕格建立了以直线为基本元素的几何学,格拉斯曼建立了 n 维向量空间的仿射几何学与度量几何学。

在高斯的曲面内蕴几何中,微分几何实质上也已经摆脱了与欧氏几何的密切联系。在这一理论中,将曲面置于三维欧氏空间只是一种特殊情况。由此出发,1854 年黎曼创立了 n 维流形概念,完善了由微分的二次型 $ds^2 = \sum a_{ij} dx_i dx_j$ 所确立的度量几何学(黎曼几何),从而开创了一般的 n 维流形微分几何。在拓扑学领域中,关于高维流形的最初思想也源于黎曼。

19 世纪末与 20 世纪苏联的数学　1870 年,德国数学家 F. 克莱因(F. Klein)找到了罗巴切夫斯基非欧几何模型,彻底消除了对这种几何学相容性的怀疑。克莱因把当时已经建立起来的不同维数空间的各种各样的"几何学"都统一在研究某种变换群的不变量的思想之下。同时,分析严格化工作在无理数理论(德国数学家戴德金、康托尔和魏尔斯特拉斯)中得到了必要的基础。

1879—1884 年,康托尔发表了关于无穷集一般理论的著作。此后,方能形成关于数学对象和理论结构以及公理体系作用等近代数学的一般观念，并且，这些观念的广泛传播也需要十几年的时间(1899年，德国数学家希尔伯特的《几何基础》一书出版，近代几何学结构概念的普遍承认被认为通常与此具有关联性)。

解决一般集合论中的逻辑问题以及探讨数学理论的结构和借助于数学逻辑来建设性地解决数学问题的方法成为对数学基础进一步研究的中心。这些研究已经发展成为数学的一个庞大而独立的领域。在19世纪，英国逻辑学家G.布尔(G. Bool)、俄罗斯数学家波列茨基、德国数学家施罗德与弗雷格、意大利数学家皮亚诺等建立了数理逻辑基础。

在20世纪，西欧与美国的数学家在这一领域也做出了巨大的贡献[希尔伯特的证明论，荷兰数学家布劳威尔(Brouwer)及其学生所创造的结构逻辑(有"直觉主义逻辑"之称，这与他们错误的逻辑见解有关)，奥地利数学家哥德尔(Gödel)关于形式演绎理论原则上的不完备性的确立，算法上"可算性"概念的拟成等]。

但是，在资本主义国家，对数学基础的研究越来越受到反动哲学的影响，并常常被用来宣传不可知论，数学理论研究完全脱离实际。苏联的研究者在集合论与数理逻辑的原则性问题领域中，做出了许多卓越的实际发现[鲁津关于射影集的著作，柯尔莫戈洛夫对于"直觉逻辑主义"的结构解释,诺维科夫关于集合论某些命题的无矛盾性的著作,马尔科夫对于算法理论与数学问题算法可解性理论的发展]。而在苏联以及各人民民主国家中,都是有意识地从辩证唯物主义哲学的原理出发对数学基础进行研究。

在19世纪后半叶,数学史问题成为热点研究问题(德国的莫里茨、丹麦的蔡依登和俄罗斯的巴贝宁)。在苏联,维果斯基、尤世凯维奇、雅诺夫斯卡娅等学者应用马克思、列宁的思想来研究数学史中的各种问题,取得了很大成就。

在19世纪末叶和20世纪初,数学的所有分支,从最古老的数论开始,都有很大进展,无论在著作的数量上,还是在力度和方法的完善方面,研究成果都彻底超越了以前的各个时期。德国数学家库梅尔、克隆纳格、戴德金、希尔伯特,俄罗斯数学家佐罗塔耶夫奠定了现代代数数论的基础。

1873年,法国数学家厄尔米特证明了数 e 的超越性。1882年,德国数学家林德曼(Lindemann)证明了数 π 的超越性。1896年,法国数学家阿达玛(Hadamard)与比利时数学家瓦莱·普桑(Vallee-Poussin)各自独立地证明了切比雪夫关于自然数中素数分布的稠密性衰减定律。在数论的研究中,德国数学家闵可夫斯基(Minkowski)引入了几何方法。在俄罗斯,除了上面已经提到的佐罗塔耶夫、切比雪夫之外,柯尔金也大力发展了数论研究。由于这些人出色的学术研究工作，在数论领域中，俄罗斯取得了领导地位。由于诺维格拉多夫的成果，这种领导地位在苏联时期更趋稳固。著名的哥德巴赫问题中关于奇数的情况被诺维格拉多夫在1937年解决，他同时创造了解决堆垒数论中的其他各种问题的有效方法。

在数论方面，苏联数学家史尼列尔曼、杰罗涅、盖尔方德等人的著作具有重要意义。代数学的各个经典分支也得到持续发展。特别是关于（不能根式求解的）高次方程求解化为尽可能简单形式的方程的求解问题，即所谓的预解式问题，其各种可能性问题得到了详尽的研究（克莱因，希尔伯特，苏联的契博塔耶夫）。由于振荡理论（稳定性及自动调节）的需要，方程的根在平面上有某种分布的判别准则的问题也得到了广泛研究。

由于 n 维向量空间理论的几何观念的利用，线性代数在力学与物理学中的应用越来越广泛，其各种问题从完全崭新的角度得到了阐述。但是，代数理论的研究重心已经转移至群论、域论、环论和格论等新的领域之中。在自然科学中，代数学的这些分支已有许多深入而广泛的应用，特别是群论在晶体学中（费多罗夫和匈弗利斯的著作），以及稍后在量子物理问题中。在苏联，对近世代数（特别是群论）的一般问题，也有一流的科学学派（施密特、库洛什、马尔采夫等）进行了研究。

自 1873 年起，挪威数学家李（Lie）进行代数与几何的边缘交叉研究，建立了连续群论。后来，其方法被应用到数学与自然科学的所有新领域。在此领域，苏联数学家庞特利阿金等人取得了非常重要的成果。

在 19 世纪末与 20 世纪，初等几何学与射影几何学中研究其逻辑与公理基础的思想方法引起了数学家的关注。除了已经提到过的画法几何外，还有一些新的应用几何，如列线图解、图解计算法、图解静力学等分支方向获得了很大发展。但是，微分几何以及较小程度上的代数几何成为几何学的主要分支并吸引到了最重要的科学研究力量的关注。

在意大利数学家贝尔特拉米（Beltrami）、法国数学家达布（Darboux）等人的著作中，系统而充分地研究了微分几何在欧氏三维空间的情形。后来，与欧氏运动群相比较更一般的各种变换群下的微分几何，特别是度量的以及其他具有各种"联络性"（仿射、共形、射影）的高维空间的微分几何，都得到蓬勃发展。随着广义相对论的兴起，几何学的这种倾向，首先是在意大利数学家列维-奇维塔（Levi-Civita）、之后在法国数学家 E. J. 嘉当（E. J. Cartan）和德国数学家 H. 外尔（H. Weyl）的著作中，都得到了刺激而进一步发展。

苏联数学家耶格罗夫、菲尼科夫、鲁津等在微分几何的各个主要方面有着重要的著作，他们创立了一个研究张量方法的著名学派。在"整体"微分几何变换研究中,苏联学者取得了特别巨大的成就(刘思特尼克、史尼列尔曼关于闭测地线存在性的研究,亚历山大洛夫关于"整体"曲面弯曲的工作)。

在19世纪上半叶,在整个数学分析中,解析函数论占有特殊的核心地位。但到了19世纪末,对集合论与实变函数论的研究得到了进一步发展,具有了更一般性的思想方法。这使得解析函数论失去了核心地位。当然,解析函数论仍然在发展,只是稍减了其强烈程度,一方面是由于需要适应其自身内在的需求。另一方面是因为发现了它与分析学其他分支以及直接与自然科学之间的新的关系。特别要指出的是后一种情形中,保形映射对于求解偏微分方程边界问题[例如,拉普拉斯(Laplace)方程的迪利赫列问题]在研究理想液体平面流动以及在弹性理论问题中所起的作用。

德国数学家克莱因与法国数学家庞加莱(Poincaré)建立了自守函数论,并在其中应用了罗巴切夫斯基几何。法国数学家皮卡德(Picard)、庞加莱、阿达玛(Hadamard)、博雷尔(Borel)深入地研究了整函数,并得到了之前提到过的素数分布稠密性的定律。庞加莱、希尔伯特、外尔、卡拉德奥德利(Caratheodory)发展了复变函数的几何理论与黎曼曲面的理论;苏联数学家普利瓦洛夫、拉夫联提耶夫、格鲁金等推动了保形映射的理论。在航空力学与弹性理论中,保形映射(及其推广——拟保形映射)具有最广泛的应用,见茹科夫斯基察普雷金、穆斯赫里什维利、拉夫联提耶夫以及其他苏联研究者的工作。

在严格的无理数算术以及集合论的基础上,数学分析严格化有了系统的推进,产生了一个新的数学分支——实变函数论。这是一个多少有些因袭因素的名称,主要是指用充分一般的方法研究分析学基本概念(例如函数、导数、积分的概念)以及分析学的基本运算(例如,函数展为三角级数)。

过去如果只是系统地研究了从某些特殊问题"自然地"产生的函数,那么,在实变函数论中,所研究的典型问题则是要充分阐明一般定义的有效范围[例如,在理论刚开始发展的时候,捷克数学家波尔查诺(Bolzano)以及稍后的魏尔斯特拉斯(Weierstrass)发现了存在处处不可导的连续函数]。当时在原始情形下,所讨论的概念还不能对引起这种概念的问题提供一个详尽无误的答案,例如,建立一种积分的程序,使得在每一点 x 上有导数 $f(x)=F'(x)$ 的任意的函数 $F(x)$,总可以对函数 $f(x)$ 积分求出 $F(x)$,且至多相差一个常数。

法国学派的数学家约当(Jordan)、博雷尔(Borel)、勒贝格(Lebesgue)、贝尔(Baire)奠定了现代实变函数论的基础。后来,耶格罗夫,特别是鲁津所建立的俄罗斯与苏联学派起了引领的作用。孟绍夫、辛钦、亚历山大洛夫、苏斯林、普利瓦洛夫(其主要工作领域是介于实变函数论与解析函数论的边界)、巴里等都是这个学派最著名的代表。以谢尔宾斯基(Sierpinski)为首的波兰学派也对实变函数论与集合论研究具有一定的贡献。

实变函数论的研究还有另外一种研究路径,即接近于切比雪夫的经典方法。这种研究显示,对于具有实际意义的几类比较狭隘的函数(具有给定次数的可微性或解析函数),可以利用与它们最逼近的 n 次多项式来描述它们的特性。当 n 增加时,其误差迅速减小。在 20 世纪初,伯恩斯坦(Bernstein)做出了最重要的成果,他后来领导了由苏联研究者为主的构造函数论的著名学派。

在复数域中,苏联研究者(拉夫联提耶夫、凯尔迪什)对多项式逼近函数理论也进行了极其成功的研究。除了自身直接的意义,实变函数论对其他许多数学分支的发展也产生了很大的作用。实变函数中的方法对于泛函分析基础的构成是必需的。就方法而言,如果说泛函分析是在实变函数论与集合论的影响下发展起来的,那么,从所解决问题的内容与性质的角度出发,泛函分析则直接与古典分析学和数学物理相连接,在量子物理中也是如此(主要是以算子理论的形式)。

在 19 世纪末,意大利数学家伏尔德拉(Volterra)最早将泛函分析有意地划为一个新的数学分支。很久之前就已经兴起的变分学，现在被划归为泛函分析的分支。变分学中的一个问题就在于寻求泛函的极大与极小。积分方程论中系统的构成也是由伏尔德拉开始的，并由瑞典数学家弗雷霍姆（Fredholm）继续发展。后来，他完成了一类重要的以弗雷霍姆命名的线性积分方程理论。

从更一般的思想方法角度来看，无穷维线性空间理论[由波兰数学家巴拿赫（Banach）发展成为现在最通用的形式]以及这种空间中的算子理论在泛函分析中占有中心地位。希尔伯特空间的算子理论是最为重要的情形，其主要的作用已经在希尔伯特（Hilbert）的积分方程著作中得到了阐述。匈牙利数学家 F. 黎士（F. Riesz）、美国数学家冯·诺依曼（von Neumann）、苏联数学家盖尔方德（Gelfand）等在泛函分析一般问题上有重要成果。被苏联数学家穆斯赫里什维利和他的学派建立的奇异积分方程论，在弹性理论的问题中具有重要价值。

在苏联，对变分学具有重要贡献的有拉夫联提耶夫、柳斯德尼克、博戈柳波夫。在索波列夫以及其他苏联分析学家的著作中，泛函分析中的方法被广泛地应用于具体数学物理问题的求解。但是，自然科学与技术应用数学时所提出的绝大多数问题都归结于常微分方程（在研究有限个自由度的系统时）和偏微分方程（在研究连续介质以及量子物理时）的求解，泛函分析的一般思想的发展也并不曾改变这一事实。因此，同一时期，微分方程的各个方面的研究都得到了广泛的推动。

求解复杂的线性方程组时创造了算子演算的方法，但是，将英国工程师黑维赛特（Heaviside）的名字与这种算子演算的起源联系在一起，并不完全恰当。例如，在更早的1862年，俄罗斯数学家瓦申科-察哈尔钦科就指出了算子演算的许多基本事实。对于非线性方程组，广泛应用了参数分解法。

法国数学家庞加莱、班勒维（Painleve），苏联数学家拉波-达尼列夫斯基等仍然继续研究常微分方程的分析理论。但是，目前在常微分方程领域中，引起最大关注的是解的定性研究问题、奇点分类（庞加莱等）、稳定性问题（由俄罗斯数学家李雅普诺夫特别深入地研究）、极限环的寻求以及关于积分曲线的拓扑分布问题、积分曲线的"平均"性态问题（以所谓的各态遍历理论的形式出现）等。所有这些研究，在苏联都得到了广泛的发展（曼迭尔斯坦、安德罗诺夫、斯帖潘诺夫、克雷洛夫、博戈柳波夫、彼得罗夫斯基）。

庞加莱又将微分方程定性理论作为起点，对黎曼拟出轮廓并用拓扑学方法来研究的流形进行了广泛的深入研究，并特别研究了这种流形上自身连续映射的不动点。荷兰数学家布劳威尔（Brouwer）、美国数学家范博伦（Veblen）、亚历山大(Alexander)与列夫舍茨(Lefschetz)以及德国数学家霍普夫(Hopf)由此引进了现代拓扑学中所拟的"组合""同调"与"同伦"方法。集合论与泛函分析理论是拓扑学其他发展趋向的起源,并且也导致了一般拓扑空间理论的系统构成[法国数学家弗雷舍(Frechet),德国数学家豪斯多夫(Hausdorff),苏联数学家乌雷松、亚历山大洛夫、齐航诺夫],特别是拓扑空间的维数理论的系统构成(乌雷松)。这些发展趋向合而为一之后,使得代数的"组合方法"具有了充分的普遍性,苏联拓扑学派(亚历山大洛夫、庞特利亚金)实现了这种普遍性,也正是这个学派的研究成果成了拓扑学现代发展阶段的基础。美国数学家贝克霍夫(Birkhoff)、莫尔斯(Morse),波兰数学家斯考德(Schauder),苏联数学家柳斯德尼克等则对拓扑方法在分析学中的应用进行了研究。

  早在19世纪末,由于研究关注点主要集中在边值问题以及抛开了解析边值条件,偏微分方程理论取得了本质上崭新的形态。同时,追溯到柯西(Cauchy)、魏尔斯特拉斯(Weierstrass)与俄罗斯数学家卡瓦列夫斯基,他们的解析理论虽然没有失去其意义,但是,由于在求解边值问题时,已经发现这个理论并不保证其"适定性",也就是说,如果只是近似知道边值条件,并不能保证可以近似求解的可能性。因此,他们的理论已经退居至次要位置。然而,事实上,如果没有这种可能性,理论上的解答是毫无实际价值的。具有"适定性"的各种不同类型的偏微分方程的边值问题是各种各样的,情况要比用解析理论观点所描述的更为复杂。

在为各种类型的偏微分方程选择适当的边值问题时,直接求助于相应的物理方法(关于波的传播、热的流动、扩散等)成为最可靠的指导。因此,偏微分方程理论就演变为数学物理方程理论,这种演变虽然对于大量具体资料的积累具有重大意义,但同时也标志着边值问题的一般理论发展不够完善。只有建立了一般理论,才能够系统地研究一切理论上可能的"适定性"边值问题。

这一方面的实质性进展近期才在许多苏联数学家的研究工作中有了轮廓。

数学物理方程的各种类型研究成果成为整个近代数学的一个重要部分。德国数学家迪利赫列(Dirichlet)与黎曼(Riemann)之后,数学物理方程研究者有法国数学家庞加莱(Poincare)、皮卡德(Picard)、古萨特(Goursat)、阿达玛(Hadamard),英国数学家瑞利(Rayleigh)与汤姆森(Thomson),德国数学家施瓦兹(Schwarz)、希尔伯特(Hilbert)、库朗(Courant)以及其他许多人。

在20世纪初,俄罗斯的伯恩斯坦(Bernstein)解决了关于椭圆微分方程解的解析性基本问题。俄罗斯学派对数学物理方程领域进行了系统研究,李雅普诺夫、波特罗夫斯基、斯切克罗夫、格云德、克雷洛夫是其奠基者。斯米尔诺夫及其他一些学者是现今这一学派的引领者,他们把苏联数学科学这一领域的许多分支发展到了首要的地位。

在对自然进行研究和对技术问题进行求解中,概率方法成为微分方程理论研究的一种重要补充。在19世纪初,如果说概率方法主要用于大炮射击理论与误差理论,那么在19世纪末与20世纪,由于统计物理学与力学的发展以及数理统计工具的建立,概率论得到了许多新的应用。

在19世纪末与20世纪初,俄罗斯学派(切比雪夫、马尔科夫、李雅普诺夫)对概率一般问题进行了深入的理论研究,这些研究主要关注概率中心极限定理的适用条件。在20世纪,概率的理论研究兴趣在各个国家普遍地高涨起来[冯·米塞斯(von Mises)在德国,博雷尔(Borel)、勒维(Levy)在法国,费拉(Feller)在美国,以及其他许多人]。在苏联,伯恩斯坦(Bernstein)的工作具有基本重要性。一方面,他完成了切比雪夫学派的工作;另一方面,又开始了一系列新的理论研究与应用上的新趋向。苏联的研究者(辛钦、柯尔莫戈洛夫)开创了"随机过程"或概率过程理论的基础,并且从博雷尔(Borel)最先看到的关于概率概念与实变函数论中测度概念的相似性出发,提出了概率论公理化表述的最终形式。

对数学研究的理论成果进行应用,则需对所提问题找到数值形式的解答。但是，事实上，即使对问题经过了详尽的理论分析以后，应用往往仍然不是一件易事。在 19 世纪末及 20 世纪，分析学的数值计算方法已经发展成为数学中的一个庞大分支。其中，微分方程的数值解法引起了特别关注。

在常微分方程中，早在 1855 年由英国天文学家亚当斯(Admas)提出，后来由挪威数学家斯端梅(Stormer)进一步加以发展的方法被广泛使用。德国数学家隆格(Runge)提出了另一类型的方法，随后发现了这两类方法的诸多变形以及早已著名的理论上由皮卡德(Picard)建立的逐步近似法。除此之外，1919 年，以实质上不同的原则为依据，苏联数学家普雷金提出了一种常微分方程的近似解法。

在偏微分方程中，苏联的盖尔什格林以及其他一些研究者完成了由德国数学家李博曼(Liebmann)开创的差分方法。1915 年，俄罗斯学者加廖尔金发展了由德国数学家里茨(Ritz)1908 年提出的另一种方法。加廖尔金方法的适用条件已经由凯尔迪什等人进行了进一步完善。在苏联，克雷洛夫的工作发展了分析学数值解法领域的所有方面的研究，具有很大的影响力。

坎托洛维奇发现了分析学数值解法与泛函分析有着值得注意的联系。由于对数值计算需求的广泛发展，数学表格计算在数量上有增无减，表格的合理编排以及表内的插值相关的诸多问题,特别是多元函数表格情形,都进一步刺激了相应理论("列表理论")研究的发展。

近期,巨大高速计算机对于计算应用的意义已经越来越大了,以至于在数学中创建了一个新分支——程序化理论,目标在于用最合理的方法把数学问题转化成那种能够在机器上求解的形式。

(姚芳译)

数学符号发展简史[1]

用来简便记录数学概念、命题和计算的符号是数学符号。例如,"圆周长度与直径长度之比的平方根"就被简明地记作$\sqrt{\pi}$,而"圆周长度与直径长度之比大于三又七十一分之十,小于三又七分之一"则被记为

$$3\frac{10}{71} < \pi < 3\frac{1}{7}$$

对于数学符号的作用及确切定义的重要性,俄罗斯数学家罗巴切夫斯基写道:"正像只有语言才能使我们得以理解别人的思想一样,数学符号语言是更加完善确定和明了的工具,可以借以向别人传达自己所具有的概念和所获得的真理以及所发现的各部分之间的相互关系。但正像对语言的不同理解有可能把原意曲解一样,如果数学中的判断失去其符号原本所代表的意义时,也会立即失效"[2]。

---

[1] 本文作者是 И. Г. 巴什马柯娃,А. Н. 柯尔莫戈洛夫,А. П. 尤什凯维奇。
[2] 罗巴切夫斯基.对中学数学教师的讲话.苏联自然科学史研究所专刊,1948,2:555-556.

数学符号的意义绝不仅仅在于用符号表示数学命题比用语言表达要简洁得多,只有在精简的数学符号中,才能建立数学"演算",包括数学推理已经被按照确定形式的法则进行的计算所替代了。恩格斯曾经指出了数学演算与常规逻辑推理的区别,并指出:"因为数学运算是以直接的、物理的、同时虽然也是抽象的考察为依据,它容许物理证明或验证,而纯粹的逻辑运算只容许经由推理来证明,它们之间有时也有'可笑的混淆,'"[1]。

数学符号作为可以直接考察的物理对象,已具有某种独立性,从而成为进行数学研究所必需的工具。如何计算以迅速求解问题(在中学,如因子分解、方程组解法等)常常依赖特殊直觉,因而,发展这种直觉是很重要的。另一方面,当求解演算已有确定严格的计算程序时,也就是说,当演算变成数学算法时,这些演算程序就可能部分或完全自动化。这样,建立精简的数学符号系统是"机器数学"兴起的必要前提。"机器数学"起源于一种仪器的使用,它跟平常的俄罗斯算盘相类似,并在近年来有了很大的发展。

数学符号的发展史跟数学概念和方法的一般发展有着密切联系。数的符号——数字是最早的数学符号。显然,数字的产生先于文字的应用,远在公元前三千五百年之前,最

---

[1] 恩格斯.反杜林论(俄译本).1951;318.

古老的巴比伦和埃及计数法就产生了。

有了最初的数的符号之后很久,直到公元前 5 世纪至公元前 4 世纪起,才在希腊出现了表示任意量的数学符号。那时,都是用线段的形式表示各种任意量(面积、体积、角度),两个同类的任意量的乘积则由相应线段作两边的矩形表示。

在欧几里得的《几何原本》中,这样的量都在线段的起点和终点上标记两个字母,如 AB,$A\Gamma$ 等,但有时也只用一个字母。阿基米德时期后一种记法用得更多,类似的记法已含有文字演算发展的可能性。但是,古代经典数学中,并没有出现任何对字母的运算,也没有建立文字演算。

由于代数从几何形式中脱离出来,因此,希腊数学后期,文字记法与演算逐渐萌芽。

亚历山大城的数学家丢番图(大约公元 3 世纪)将未知数 x 及其乘幂用以下符号表示:

x	x^2	x^3	x^4	x^5	x^6
δ'	δ^v	κ^v	$\delta\delta^v$	$\delta\kappa^v$	$\kappa\kappa^v$

(δ^v——源于希腊文 $\delta v'\gamma\alpha\mu\iota\varsigma$——未知数的平方。$\kappa^v$——源于希腊文 $\kappa v'\beta o\varsigma$——立方)。丢番图把系数写在未知数或其乘幂的右面,例如 $3x^5$ 记作 $\delta\kappa^v\overline{\gamma}$(这里$\overline{\gamma}=3$)。表示加法,丢番图只是把被加数一个接一个地写下来;表示减法,他使用了一

个特别符号⋀,相等则用字母 ι(源于希腊文 τσος——等于)来表示。例如,方程

$$(x^3+8x)-(5x^2+1)=x$$

在丢番图的记法中就写成下面的样子:

$$\kappa^\upsilon \bar{\alpha} \delta'\bar{\eta} \wedge \delta^\upsilon \bar{\epsilon} \mu^\circ \bar{\alpha} \iota \delta' \bar{\alpha}$$

(这里 $\bar{\alpha}=1, \bar{\eta}=8, \bar{\epsilon}=5$,而 $\mu^\circ \bar{\alpha}$ 表示单位 $\bar{\alpha}$ 没有未知数乘幂形式的乘数)。

几世纪后,印度人研究数字代数,引用了不同的数学符号来表示几个未知数(用几种颜色名称简写表示未知数)、平方根、减数。例如,7 世纪的婆罗摩笈多的记法:

| ya | va | 3 | ya | 10 | ru | 8̇ |
| ya | va | 1 | ya | 0 | ru | 1 |

(ya——源于 yavattāvat——未知数,va——源于 varga——平方,ru——源于 rūpa——已知数,数字上面的一点表示该数是减数)就相当于我们的

$$3x^2+10x-8=x^2+1。$$

但是,印度人的代数符号没有对我们的数学符号产生直接影响。

在 14 世纪至 17 世纪,建立了近世代数符号,这也是由实用算术与方程论发展成就促成的。后来,世界各国都自主地

出现了表示某些运算与未知量乘幂的数学符号,而这种或者那种便于演算的记号则有时经过了好几十年,甚至好几百年方才产生。在 15 世纪末,法国人 N. 修开(N. Chuquet)和意大利人 L. 帕奇奥里(L. Paciolo)使用了加法与减法符号$\tilde{p}$与$\tilde{m}$(源于拉丁文 plus 与 minus),德国数学家引用了近代的＋号与－号,大概是其拉丁文缩写。

最早在17 世纪时,就可以列举出将近十种表示乘法的数学符号:

$$\Box, *, ", ', \mathit{f}, \cdot, \times 。$$

根号符号发展的历史是很有意义的过程。1220 年,许多人以意大利人比萨的列昂纳多(Leonardo of Pisa)为榜样,用符号 R(源于拉丁文 $Radix$——根)来表示平方根。直至 17 世纪,修开把平方根、立方根分别记作了R^2,R^3。

1480 年左右,在德国手稿中,则以数字前加一点表示平方根,加三点表示立方根,加两点表示四次方根。1525 年,德国数学家鲁陶尔夫已经把根号记作$\sqrt{}$。至于高次根的记法,有的学者把这个符号连写几次,有的在符号后面标上文字即指数名称的缩写,有的标上相应的数字,外加小圈或圆括弧或方括弧,借以区别根号后的数字。1637 年,法国学者笛卡儿引入了根式上面的横线。还在 18 世纪初,才开始普遍把根指数放在根号空隙上面,1629 年,荷兰数学家季拉尔已经在用这种写法。因此,根号符号的发展几乎连绵五百年之久。

未知数及其乘幂的数学符号表示也曾经是各种各样的。在 16 世纪及 17 世纪初,单是未知数的平方就有十多种记法,它们互不相让,例如,ce(源于 census——由希腊文 δυ'γαμις 翻译过来的拉丁名词),Q(源于 quadratum),z,$\dfrac{ii}{1}$,$A(2)$,1^3,A^{ii},aa,a^2 等。

对于我们的方程

$$x^3+5x=12$$

1545 年,意大利数学家 H. 卡丹诺(H. Cardano)用以下形式记录:

$$1 \cdot \text{cubus } \overline{p} \cdot 5 \cdot \text{positionibus aequatur } 12$$

(cubus——立方,positio①——未知数,aequatur——等于)。1544 年,德国数学家 M. 斯蒂菲尔(M. Stifel)用以下形式记录:

$$1\ell + 5v \cdot \text{aequ} \cdot 12$$

(ℓ——未知数的立方,v——未知数)。1572 年,意大利数学家 R. 邦伯利(R. Bombelli)用以下形式记录:

---

① positionibus 是拉丁文,此处 positio 是法文。——译者

$$1^3 \ p \cdot 5^1 \text{ eguale à } 12$$

(3——未知数的立方,1——未知数,eguale à——等于)。1591 年,法国数学家 F. 韦达(F. Viète)用以下形式记录:

$$1C + 5N, \text{aequatur } 12$$

(C——cubus——立方,N——numerus——数)。1631 年,英国数学家 T. 哈利奥特(T. Harriot)用以下形式记录:

$$aaa + 5 \cdot a = 12$$

在 16 世纪与 17 世纪初,等号及各种括号开始通用。1550 年,邦伯利开始使用方括号;1556 年,意大利人 N. 塔塔利亚(N. Tartaglia)开始使用圆括号;1593 年,韦达开始使用花括号。

1591 年,韦达用大写拉丁字母 B,D 等表示任意常量的数学符号,这在数学符号发展中是最大的一个进步。韦达成为第一个写出任意系数的代数方程并且对它们进行运算的数学家。韦达用大写字母 A,E,…表示未知数。于是,韦达的写法

A cubus + B plano in A · 3, aequatur D solido [cubus——立方;planus[①]——平面的,即 B 是二维的量,

---

[①] plano 是拉丁文,此处 planus 是法文。——译者

solidus①——立体的(三维的)，同维数表明所有的项是同类的]，按照我们的记号就是下面的样子：

$$x^3+3bx=d$$

代数公式的创始者正是韦达。1637 年，笛卡儿用排在字母表最后的拉丁字母 x,y,z 表示未知量，开始的字母 a,b,c 表示任意已知量，这样就使代数符号具有了近世形式。

现在的乘幂记法也是由笛卡儿首先开始使用。跟所有以前的记法相比，他的记法具有巨大的优越性，因此，迅速得到了普遍承认。

随后的数学符号发展跟无穷小分析的建立密切相连，解析符号形式在很大程度上已经在代数学中打下了基础。

1666 年及随后几年，英国学者牛顿在他的流数与流量术中，对于量 x 的逐次流数(导数)引用了符号 $\dot{x},\ddot{x},\dddot{x}$，对于无穷小增量引用了符号 o。在较早一些的时候，1655 年，英国数学家华利斯提出了无穷大的符号 ∞。

德国学者莱布尼茨创建了微积分近代符号。他是第一个清楚理解数学符号巨大意义的数学家，他致力于用最方便的符号表达数学概念，因此，我们可以看到，自发引用数学符号

---

① solido 是拉丁文，此处 solidus 是法文。——译者

或多或少地已转变成有意识与有计划的创造了。

莱布尼茨写道:"使用符号的一般技巧或记法上的技巧是一种绝妙的辅助工具,因为它减轻了思维的负担……,必须注意,所引用的符号适宜于发明。大多数都是如此,如果在使用符号时,所用的符号反映了事务最内在的本质,并且可以简洁地表达,那时,思维的工作量就惊奇地减少了……"[①]。

特别是现时所用的微分符号

$$\mathrm{d}x, \mathrm{d}^2 x, \mathrm{d}^3 x$$

及积分符号

$$\int y\mathrm{d}x$$

都是由莱布尼茨发明的。

应当强调指出,跟牛顿建立的积分符号相比,莱布尼茨创造的符号更具有本质的优越性。莱布尼茨的符号 $\int y\mathrm{d}x$ 反映着积分和式本身的形成过程,在符号中又清楚地指出了被积函数与积分变量。正是因为如此,符号 $\int y\mathrm{d}x$ 对于换元公式也适用,并且也可以轻松应用于重积分与线积分。牛顿的符号 $'x$ 就不

[①] 数学科学的成就(苏联杂志).1948,3(1):155-156.

能直接提供这样的可能性。莱布尼茨的微分符号及牛顿的流数与无穷小增量符号,有着类似的情形。

俄国科学院院士欧拉在近代数学符号创造中有着巨大的功绩。他使用的第一个变量运算符号,就是函数符号 $f(x)$,源于拉丁文 functio——函数。1734 年,函数符号 $f(x)$ 开始普遍通用起来。在较早一些时候,1718 年,只有约翰·伯努利曾使用过符号 φx。欧拉的著作问世以后,许多个别函数,例如,三角函数的符号就具有了标准的形式。1736 年,欧拉使用了常量 e(自然对数的底);1736 年,欧拉使用了 π(大概源于希腊文 περιφεια——圆周);1777 年,欧拉还使用了虚数单位 $i = \sqrt{-1}$(源于法文 imaginairo——虚的,发表于 1794 年)的符号,现在这些符号都已经普遍地通用了。

在 19 世纪,符号的作用更加强大起来,同时,在创造出新的数学符号时,数学家也力求基本符号的标准化。现在广泛使用的有些数学符号都是在这一时期才出现。1841 年,魏尔斯特拉斯开始使用绝对值符号 $|x|$;1853 年,柯西开始使用矢量符号 $\vec{r}$;1841 年,A. 开莱(A. Cayley)开始使用行列式符号 $\begin{vmatrix} a_1 & a_2 \\ b_1 & b_2 \end{vmatrix}$;等等。

19 世纪所兴起的许多理论,要是没有适当的数学符号就不可能加以发展,如张量解析。表示关系的数学符号可以当作一种特征看待,如同余号≡(高斯,1801年),相属号∈,同构号≌,等价号～等,使用率都在增长。数理逻辑是特别广泛地使用数学符号的领域。随着数理逻辑的发展,还出现了可变关系的符号。

除了刚才提到的近代文献中数学符号标准化的过程外,也常常可以看到个别作者只在各自的研究范围内加以使用的数学符号。

从近代数理逻辑出发,数学符号可以分为以下几类：

(1)对象符号。

(2)运算符号。

(3)关系符号。

例如,用符号1,2,3,4表示数,就是算术所研究的对象。加法运算符号＋本身并不表示任何对象,只有明确了哪些数被加起来时,它才具有对象,如1＋3就表示数4。符号＞(大于)是一种数与数之间的关系符号,在明确了所涉及的关系及其对象时,关系符号就有了完全确定的意义。符号间的这种结合,我们叫作公式。公式表达的是一种可以真实或虚假的命题(判断)。

例如,不等式

是真实的，而不等式

$$1+3<4$$

则是虚假的。

跟上述主要的三种数学符号紧紧地相连的还有第四种：

(4) 辅助符号。

其作用在于确定主要符号的结合顺序。在算术运算中，括号表示演算的顺序，括号充分体现了辅助符号的意义。

上述(1)(2)(3)这三类符号的每一类又分为两种：

① 表示完全确定的对象、运算与关系的个别符号；

② 表示"可变"或"未知"的对象、运算与关系的一般符号。

下面举例说明。

第①种符号的例子(参考本文附表)有：

a. 自然数 1,2,3,4,5,6,7,8,9，超越数 e 与 π，虚数单位的符号 $i=\sqrt{-1}$ 等。

b. 算数运算符号 $+,-,\cdot,\times,\div$，开方根符号 $\sqrt[n]{}$，求导数符号 $\dfrac{\mathrm{d}}{\mathrm{d}x}$，拉普拉斯(Laplace)公式 $\Delta=\dfrac{\partial^2}{\partial x^2}+\dfrac{\partial^2}{\partial y^2}+\dfrac{\partial^2}{\partial z^2}$。

还有个别函数的符号,如 sin,tg,log,等等,也属于这一类。

c. 等号=与不等号≠,>,<,平行符号∥与垂直符号⊥,等等。

第②种符号表示某一范围内的任意对象、运算与关系或服从预设条件的对象、运算与关系。

例如,在等式$(a+b)(a-b)=a^2-b^2$中,字母 a 与 b 表示两个任意数。

在函数关系 $y=x^2$ 中,字母 x 与 y 表示由这个已知关系联系起来的两个任意数。

在求解方程$x^2-1=0$中,x 表示任意满足已知方程的数,由求解过程及结果可知适合这一条件的只有两个可能的值:+1 与 -1。

从逻辑的观点看来,就像在数理逻辑中那样,把所有一类一般符号叫作可变符号,是完全合理的。完全可以不管变量的"变域"是由唯一的对象所组成还是"空的"(例如,在方程无解的情况)。

还有一些这种符号的例子:

a. 在几何中,用字母来表示点、直线、平面或更复杂的几何图形。

b. 函数符号 f, F, φ 及微积分运算符号，例如，用一个字母 L 来表示如下形式的公式：

$$L[y] = a_0 + a_1 \frac{\mathrm{d}f}{\mathrm{d}x} + a_2 \frac{\mathrm{d}^2 f}{\mathrm{d}x^2} + \cdots + a_n \frac{\mathrm{d}^n f}{\mathrm{d}x^n}$$

至于"可变关系"的符号，并不是很普遍，一般只有在数理逻辑中应用，更多是在比较抽象公理化数学研究中应用。

在数理逻辑中，用于记录个别关系的符号跟多元函数符号相类似。例如，$x=y$ 被表示为 $E(x,y)$，$x+y=z$ 被表示为 $S(x,y,z)$。这样的符号称为"逻辑函数"符号。一个自变量的逻辑函数可以体现出这一对象的性质。例如，为了说明"x 是自然数"，我们用 $N(x)$ 来记写。

因此，数理逻辑中，一般的可变关系符号以"函数变量"符号形式出现。例如，把 $F(x,y)$ 看作一般的两个对象 x 与 y 之间的关系符号，是"二元逻辑函数"。一般地说关系 $F(x,y)$ 是"可传递的"，就是说，对于任何 x,y,z，如果有关系 $F(x,y)$ 与 $F(y,z)$，那么就有关系 $F(x,z)$ 成立。关于关系 F 可传递的定义可以记为

$$(x)(y)(z)\{F(x,y) \& F(y,z) \rightarrow F(x,z)\}$$

符号 (x) 表示"对一切 x"。

在现代实际计算中，照例，当我们应用已经精确确立了

的算法，自动求解一定类型的问题时，总是完全或几乎避开有日常语言的字句，因为日常语言字句会极大增加计算障碍。原则上讲，借助适当引用逻辑运算符号，就有可能纯粹用符号记录整个数学理论的内容，于是，在分析这些理论的逻辑构造时，具有重大意义。但是，为了表达自己的推理进程，在解释数学理论时，数学家往往也广泛应用日常语言。

将合理构成的日常语言命题与符号以及公式相结合，正是数学著作的主要表达风格。只有进行这样的结合，才能够将表述的简洁性与数学证明中本质的主导思想的明了的确定性兼而得之。

在 19 世纪与 20 世纪交替之际，逻辑主义的代表们曾广泛地宣传具体数学理论的全部表述可以翻译成数学与逻辑符号及其运算，而无须任何日常用语，但是并未获得成功。

参考文献

F. Cajori. A History of Mathematical Notations. V. 1-2, Chicago, 1928-1929.

附表　一些主要数学符号产生的年份[①]

符号	意义	首先引用的人	引用年份
		个别对象的符号	
∞	无穷大	J. 华利斯 J.（J. Wallis）	1655
e	自然对数的底	L. 欧拉（L. Euler）	1736
π	圆周与直径之比	W. 琼斯（W. Jones） 欧拉	1706 1736
i	-1 的平方根	欧拉	1777（1794 年见于印刷）
i, j, k	单位矢量	W. R. 哈米尔顿（W. R. Hamilton）	1853
$\Pi(a)$	平行角	Н. И. 罗巴切夫斯基（Н. И. Лобачéвский）	1835
		可变对象的符号	
x, y, z	未知量或变量	R. 笛卡儿（R. Descartes）	1637
$\bar{r}$	矢量	A. L. 柯西（A. L. Cauchy）	1853
		个别运算的符号	
$+$ $-$	加 减	德国数学家	15 世纪末
$\times$	乘	W. 乌特雷特（W. Oughtred）	1631
$\cdot$	乘	G. W. 莱布尼茨（G. W. Leibniz）	1698
$:$	除	莱布尼茨	1684
$a^2, a^3, \cdots, a^n$	乘幂	笛卡儿 L. 牛顿（L. Newton）	1637 1676

[①] 附表译自：苏联大百科全书. 2 版. 1954, 17 卷：115-119.

(续表)

符号	意义	首先引用的人	引用年份
$\sqrt{}, \sqrt[3]{}, \cdots$	开方,开立方等	C. 鲁陶尔夫(C. Rudolff) A. 季拉尔(A. Girard)	1525 1629
Log log	对数	J. 凯普勒(J. Kepler) B. 卡瓦利里(B. Cavalieri)	1624 1632
sin cos	正弦 余弦	欧拉	1748
tg	正切	欧拉	1753
arcsin	反正弦	J. 拉格朗日(J. Lagrange)	1772
sh ch	双曲正弦 双曲余弦	V. 里卡蒂(V. Riccati)	1757
$dx, ddx, \cdots$ $d^2x, d^3x, \cdots$	微分	莱布尼茨	1675(1684 年见于印刷)
$\int y dx$	积分	莱布尼茨	1675(1686 年见于印刷)
$\dfrac{d}{dx}$	导数	莱布尼茨	1675
$f'x$ y' $f'(x)$	导数	拉格朗日	1770,1779
Δx	差分	欧拉	1755
$\dfrac{\partial}{\partial x}$	偏导数	A. M. 勒让德(A. M. Legendre)	1786
$\int_a^b f(x)dx$	定积分	L. 傅里叶(L. Fourier)	1819—1822
$\sum$	求和	欧拉	1755
$\prod$	求积	K. F. 高斯(K. F. Gauss)	1812
!	阶乘	C. 卡曼(C. Kramp)	1808
$|x|$	绝对值	K. 魏尔斯特拉斯(K. Weierstrass)	1841
lim	极限	S. 鲁利哀(S. Lhuilier)	1786

（续表）

符号	意义	首先引用的人	引用年份
$\lim\limits_{n=\infty}$ $\lim\limits_{n\to\infty}$	极限	哈米尔顿 许多数学家	1853 20世纪初
ζ	ζ 函数	G. F. B. 黎曼（G. F. B. Riemann）	1857
Γ	Γ 函数	勒让德	1808
B	B 函数	J. P. M. 比奈（J. P. M. Binet）	1839
Δ	特尔泰（拉普拉斯算符）	R. 墨菲（R. Murphy）	1833
∇	那布拉（哈米尔顿算符）	哈米尔顿	1853
可变运算的符号			
Φx $f(x)$	函数	约翰·伯努利（Johann Bernoulli） 欧拉	1718 1734
个别关系的符号			
$=$	等于	R. 雷考特（R. Recorde）	1557
$>$ $<$	大于 小于	T. 哈利奥特（T. Harriot）	1631
$\equiv$	同余	高斯	1801
$\parallel$	平行	乌特雷特	1677（见于公开出版物）
$\perp$	垂直	P. 艾里贡（P. Gerigone）	1634

（姚芳译）

数学符号语言[①]

项和公式

一般的,在实践中,如果人们像普通文字语言一样流利地表达自己的数学思维,那么,需要应用数学符号及其之间的特殊的逻辑来记录。

这个想法虽然有着很深层次的原因,但是建立的数学符号语言完全没有文字语言生动的语感,而且往往是很难理解的。

然而从本质上要认识到,重要的是,任何数学推理都应该更规范,更完善。应该完全使用已制定清楚的详细规则和方法的符号语言来表达(记录)。

下面我们将学习数学语言的语法、逻辑和数学符号。符号和符号的组合有着独立的含义,通常分为四类:

[①]本文译自:柯尔莫戈洛夫.数学——科学和职业∥量子(64 期).莫斯科:科学出版社,1988:166-174.(А. Н. Колмогоров. Математика——Наука и профессия ∥ Библиотека Квант Выпусник 64. Москва:Нвука,1988:166-174.)

A. 符号表达的是某些指定的对象，例如，下面的表达方式

$$2, 3-1, 4:2, \frac{1\,001^2-999^2}{1\,001+999}$$

是用不同的符号表达相同的数 2。

字母 **N** 和下面的写法：

$$\{n:n\in \mathbf{Z}, n>0\}$$

表示的都是所有自然数集。

B. 当含有变量的符号和标记代入指定的量后，这些量全部替换最初的变量，这些变量由规定的符号来表示。

常用的变量符号：x, y, z，等等。

可以取数值的变量符号：

$$x+y, \frac{x-17}{x+17}, x-1$$

由平面上的点构成的变量符号：

$$[AB](线段), (AB)(直线), \overrightarrow{AB}(向量)$$

表达一些具有特殊意义的直线的变量符号：

$$S_1(关于轴 L 对称)$$

C. 命题是可以判断正确和错误的且相对具有一定意义的语句，有真假之分。

例如，$\dfrac{1\ 001^2-999^2}{1\ 001+999}=2$ 是真命题，$2+2=5$ 是假命题。

D. 当含有变量符号和变量标记的语句（等式，表达式）代入指定的量后，这些量全部替换最初的变量。

例如，$x+y=3$；$(AB)\cap(CD)=E$，表示直线 AB 与直线 CD 相交于点 E。

前两类 A 和 B 表达的符号式称为项，C 和 D 表达的符号式称为公式。不含有变量的项称作个别量，不含有变量的公式称作命题。

项和公式的构造规则

严格来说，不存在一个普遍的数学符号语言。不同的作者使用过不同的数学符号。在数学的各种分支中，相同的符号在传统上曾有不同的应用，但是，在这种情况下，数学家必须要准确地知道他当时所使用的那种语言的规则，最重要的是纯粹正规的已经形成的表达式和公式的规则。

作为例子，对以下命题进行分析：

$$\{n:n\in \mathbf{N}, |n-2|<2\}=\{1,2,3\} \tag{1}$$

构造这个命题，可以画树状图（图 1）：

图 1

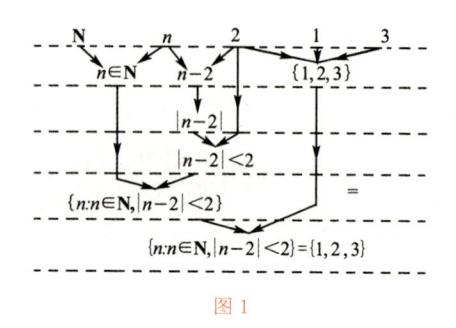

第一层，我们取简单项 $\mathbf{N}, n, 1, 2, 3$，其中 $\mathbf{N}, 1, 2, 3$ 是固定量，而 n 是变量。

第二层，项 n 和 $\mathbf{N}$ 用 $\in$ 连接起来，得到包含变量 n 的公式：$n \in \mathbf{N}$。将项 n 和 2 用符号"—"连接起来，得到包含变量 n 的项：$n-2$。把项 1, 2, 3 用花括号括起来得到项 $\{1, 2, 3\}$。

第三层和第四层，项 $n-2$ 扩展得到项 $|n-2|$ 和公式 $|n-2|<2$，它们都包含变量 n。

第五层，发生了大的变化，包含变量 n 的项 n 和公式 $n \in \mathbf{N}, |n-2|<2$，放置在一起，得到位置图：{项：公式，公式}。

于是，就得到了具有确定意义的集合 $\{n: n \in \mathbf{N}, |n-2|<2\}$，不含有变量，因为它的形成位置图与所有在冒号之前的

变量项相关。①

第六层,由等号连接起来的两个项可以得到命题(1)。

注意,在构成项和公式时,除了正在使用的简单项符号,还需要辅助书写符号:逗号,花括号和冒号,短的垂直线段,属于符号,等号和不等号。

下面列出我们使用的项和公式的所有的构造形式:

①项∈项→公式。

②项-项→项。

③{项,项,项}→项。

④|项|→项。

⑤项<项→公式。

⑥{项:公式,公式}→项。

⑦项=项→公式。

所有这些形式充分说明数学符号语言应该使用最原始的变量项和公式制定严格的规则(包括如何连接项和公式以

---

① 总之,我们的项"不含自由变量",但是,变量相关的术语学规则和之后获得的相关项完全不相等,之后我们还会谈及。

及如何形成新定义的项和公式)。

我们举例分析的形式就是第⑥种形式。

形成的规则规定:冒号之前的所有变量都是关联的。例如,集合 $\{(x,y):x<a,y<b\}$ 需要代入变量 a,b 的值,但不代入变量 x,y 的值。如果给 a,b 赋具体的值,那么就得到平面直角坐标系内的阴影部分的图像对应的值(图2)。

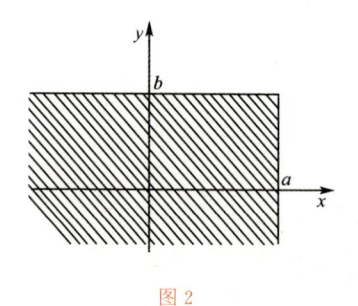

图 2

无意义的项　变量的类型

把 $x=1,y=0$ 代入到式子 $x:y$ 就可以得到一个项 $1:0$。

因为除数不能为 0,$1:0$ 可以被称为项吗?事实上,对定义项进行一些合理的修改,还是会出现 $1:0$ 这样的项。

我们运用规范的数学语言规则来表达不包含变量的项,使其不出现无意义的假设。

而像这样的公式 1∶0＝2 呢？

我们将把它看成假命题。

一般地,如果公式中不包含变量,那么,即便是以项按规则组成的公式,还是没有意义的,是假的。

可以完全正确地构造只有一种变量的数学语言,并且可以对其设置任何项,然而,这样很自然地就会得到很多没有意义的公式。

例如,如果符号＜仅指实数之间的不等关系,那么下面这个项(**Z** 是整数集合)

$$\{x: x < \mathbf{Z}\}$$

没有任何意义,而公式 1723＜**Z** 是假的。

经常简化记录,引入一些种类的满足条件的变量,可以减少得到没有意义的项的可能性。例如,用以下字母来表示只能取自然数的变量：$i, j, k, l, m, n, p, q, r, s$,而字母 $b, c, d, e, f, g, o, t, x, y, z, u, v, w$ 可以取任何实数,等等。

无论是项,还是有标准规则的项和公式都可以进行分类,这些种类的项可以在位置图中占据这样或那样的位置。

关于命题和公式的逻辑运算

逻辑连接词和逻辑运算语句(含有逻辑连接词的命题)

如下所示：

①命题和命题的非：$p, \neg p$。

②命题的"与"：$p \wedge q$（命题 p 和 q 都为真时，二者的与命题为真）。

③命题的"或"：$p \vee q$（命题 p 和 q 有一个为真时，二者的或命题为真）。

④等价命题，$p = q$（等价命题 p 和 q 同为真假）。

如果公式 p 和 q 用逻辑连接词连接，得到下面形式的公式

$$\neg p, p \wedge q, p \vee q, p = q$$

用一些具体的变量和数值代入所有的变量，就会得到上面给出的具体命题。

例如，$(x = y) \Leftrightarrow (x + y = 2)$ 在以下情形就会成为真的公式。

a. 当 $x = y = 1$。

b. 对于任意的 $x = a, y = b$，当 $a \neq b$ 和 $a + b \neq 2$ 时。

如果当命题 p 和 q 中的所有变量被任意确定的量所替代

后，$p=q$ 是真命题，那么，公式 p 和 q 称为等价的。

下面引入一个运算①：⊢p。在它的辅助下，每一个公式都可以变成命题。⊢这个符号的意义是：当 p 的所有变量都被确定的量替代时是真命题。显然，p 和 q 等价可以表示为

$$⊢(p⇔q)$$

⑤两个命题的蕴含 p 和 q：$p⇒q$。（当 p 是真的，q 是假的，那么 p 和 q 的蕴含是假的，除了这种情况，其余的所有情况下都是真的。）

含有变量的公式 $p⇒q$ 像前四个逻辑运算一样能推导出来。

命题 ⊢$(p⇒q)$ 的意思是：q 是 p 的结论。

值得注意的是，⑤中的第二部分，在含有符号 ⇔ 和 ⇒ 的式子中，符号 ⊢ 固定书写在最前面。

量词 ∀ 和 ∃

∀x 表示对所有的 x。

∃x 表示存在那样的 x。

---

① 这种符号 ⊢p 不常见，但是看起来很方便。

例如，$\exists n(\exists n \in \mathbf{N} \wedge a \geqslant nb)$。

也有的公式带有两个变量：

$$\forall a \forall b(a>0 \wedge b \in \mathbf{R}) \Rightarrow \exists n(n \in \mathbf{N} \wedge na>b) \qquad (2)$$

这是一个命题，称为阿基米德公理。

式(2)也可以这样写：

$$\forall a>0, b \in \mathbf{R}, \ \exists n \in \mathbf{N}(na>b) \qquad (3)$$

但是必须遵守量词 $\forall$ 和 $\exists$ 的使用规则。

一般地，严格说，常用的只有这样的形式

$$\forall x \forall y \cdots 公式 \rightarrow 公式$$

$$\exists x \exists y \cdots 公式 \rightarrow 公式$$

其中 $x, y, \cdots$ 是一个或者几个变量。有时，比如，像式(3)中，允许对这些形式有一些特殊性。

关于括号

在初中，你们就应该学会了正确地使用括号和带括号运算的先后顺序法则。这是根据项和公式的组成的实际情况，使用括号安排它们运算的先后顺序。例如，有不同形式的公式：

$$(A \Rightarrow B) \Rightarrow C \text{ 和 } A \Rightarrow (B \Rightarrow C)$$

当然也有一些规则可以避免使用多余的大量的括号。例如，类比乘法运算优先于加法运算。也可以得到这样的结论,在没有括号的情况下,也都是先进行"且"符号后进行"或"符号,$(A \wedge B) \vee (C \wedge D)$ 也可以简单地写成 $A \wedge B \vee C \wedge D$。

但是,如果没有清晰地掌握规则,那么最好还是添加一些括号,避免使自己的书写模棱两可。

(刘岩瑜译,姚芳校编)

数学才能[①]

学习和研究数学所需要的特殊才能常常被人们过分地夸大。由于数学的非常形式化和课堂上很糟的教学,导致了数学特别难学的印象。如果有好的指导或者跟着一本好书,一个普通的中等才能的人足以毫不费劲地掌握中等学校的数学,而且更可以进一步学习,比如说,微积分初步。

但是,一旦涉及专门选择数学作为职业时,很自然地就要用到自己的数学才能,或者有时称作数学天赋。事实上,在数学中,理解数学推理,解答数学问题,乃至于更深一步去发掘新的结果时,不同的人当然有不同的速度、不同的难易程度和不同的成就。在这一部门中,那些能最有成效地工作的人正在力求成为千百万青年当中的数学专业人员。

所以,学校的数学小组、数学竞赛以及其他宣扬数学知

---

① 本文译自:柯尔莫戈洛夫.论数学职业.8-11.(А. Колмогоров. О профессии математика. 8-11.)

识和发扬独立数学工作兴趣活动的主要目的之一就是协助青年,使得他们的数学天赋得以发挥。对于个别青年,不应当过早地赋予其数学天才之称号,但可以以谈话的方式及时启发,以竞赛奖励来推动,使他们这些有才能的数学人才去选择数学作为他们将来的工作,这是必要的。

数学才能究竟是什么呢？首先,需要明确,数学上的成就很少是因为机械记忆大量事实和个别公式而获得,等等。在数学上,如同所有事情一样,有很好的记忆力是很有用的,可是,大多数杰出的数学家并不见得具有特别突出的记忆力。用一个比较极端的例子来说明,如果有一个很偏才的人,记得住一系列很长的数字而且可以心算这种数字的加法或乘法,这种人并不会被看作有好的数学才能。当然,此时的所谓数学才能是在严格意义下的数学才能。

有过代数学习经历的人知道,在代数计算中,例如,如果找到了较为复杂的文字式的巧妙变换,或者不用乘法而能找到更有效的方法去解方程等,都可以说接近了这种"才能"。对于从事严谨科学工作的数学家来说,这种才能是常常需要的。

通常也有一种情况,即上述那种计算才能的特别充分的发展,有时我们称之为"计算才能",这是数学才能中的一种基本类型的特指。在中学代数中，进行代数式因式分解时，学生首先遇到的困难就需要用这种才能来解决。在本文后的附录中所列习题 1 和习题 2 就属于这种情况！有时，一个很简单式子的因式分解则需要很多智慧①。在解方程中，这种类型的才能更具其施展的园地。

然而，数学家有时在研究问题时会用几何直观方法。在中学教学中的实例也可以充分说明几何直观方法的意义，例如，用图形去研究函数的性质非常有用。所以，在数学各分支以及在最抽象的问题研究工作中，几何直观起了很大的作用，这样说不会使读者感到惊奇。

在中学里，通常很难给空间图形一个直觉的表示，但用实例可以说明，按照通常中学的水准来衡量，这样的人才就是一个好数学家。即当他合上书之后，他不用画图就可以清晰地想象出，一个立方体表面跟经过它的中心而且垂直于它的一条对角线的平面的交线是什么样。

附录中习题 4 的所有解题难点就在于是否能直观了解切四面体所得到的交线是什么样的图形。几何直观在习题

---

① 此处谈到的是分解成为有理系数的多项式，开始时很多人会觉得在习题 1 和习题 2 中这类分解是不可能的。

5~7的解决中也很重要。虽然,这类问题的解决还需要逻辑推理能力和理论的高深知识,并且后者对于证题来说是必备的。

数学才能的第三个重要方面是正确而又有条理的分段逻辑推理能力。在中学,首先,这种能力可以在具有定义、定理和证明的系统化几何课程中进行培养。然而,显然,对于中学生来说,从数学推理的逻辑结构来看,代数课程中的数学归纳法原理是很难的学习内容。因为,对于很多学生而言,在这个命题本身的表述中,已经有很多的"每一个""如果""那么"等的堆积。因此,正确了解和使用数学归纳法原理首先要有对逻辑的准确理解,还要有很好的判断力,这种对逻辑的成熟理解对数学家来说是很有必要的。

在不理解的情况下,很难得到有条理的逻辑推理能力。在进行中学数学竞赛解题时,就常常会出现这种意外的困难。在这里,并没有任何预先的中学数学课内知识基础的假定,但是,要求正确地理解题意和有条理地进行推理。

有一个滑稽问题,困扰了很多十年级学生。如果松林里有 800 000 株树,并且其中每一株树上的松针不多于 500 000 个,试证明,至少有两株树的松针数是相同的。

请与附录中习题 8 进行比较。在习题 10~12 中,主要的困难不是所用的推理方法是否复杂,而是所要用的推理方法是不常见的。

数学才能的各方面都会在不同的组合里常常遇到,在这些不同方面里,如果单独一方面有突出的发展,那么就可以收到意外而非凡的结果。当然,这种单方面的发展终究是危险的。因此,如果没有对自己事业的热爱,如果没有每天系统地勤恳工作,任何才能都是无效的。

附录　数学竞赛题选[①]

1. 因式分解:x^5+x+1。(列宁格勒,1951,8 年级)

2. 因式分解:$a^{10}+a^8+1$。(利沃夫,1946,9~10 年级)

3. 求解联立方程:$xy(x+y)=30, x^3+y^3=35$。(列宁格勒,1951,9 年级)

4. 一正方体里有两个正四面体,第一个正四面体的顶点是正方体的四个顶点,第二个四面体的顶点是正方体其余的四个顶点。试求这两个四面体公共部分的体积与正方体体积之比。(伊凡诺夫,1951,9~10 年级)

[①] 在《数学才能》中多处提到此附录中的习题,为了帮助理解,此处附上此附录。附录中有 25 道题,但《数学才能》中涉及的习题属于习题 12(包括 12)之前的习题,因此,只列出前 12 道题。——译者

5. 在一球外外切一个空间四边形,求证:切点都在同一平面上。(莫斯科,1950,9~10 年级)

6. 求证从正四面体里的任意一点到它的面上的距离之和是一常数。(斯大林格勒,1950,10 年级)

7. 求证正四面体的高的中点与到底的各个顶点之连线相互垂直。(喀山,1947,9~10 年级)

8. 有 500 个装着苹果的箱子,已知每个箱子最多可以装 240 个苹果。求证至少有 3 个箱子装了同样多的苹果。(基辅,1950,7~8 年级)

9. $50! = 1 \cdot 2 \cdot 3 \cdot 4 \cdot \cdots \cdot 49 \cdot 50$ 包含多少个零?(利沃夫,1950,7~8 年级)

10. 在 24 小时里,表的时针与分针有多少次相互垂直?(基辅,1949,7~8 年级)

11. n 凸多边形最多有几个锐角?(基辅,1949,9~10 年级)

12. 求证 13 边凸多边形不能分割成诸多平行四边形。(莫斯科,1947,7~8 年级)

(姚芳译)

数学——科学和职业

我是怎么成为数学家的[1]

我是怎么成为数学家的

在四五岁时,由于发现了下面的规律:

$$1=1^2$$
$$1+3=2^2$$
$$1+3+5=3^2$$
$$1+3+5+7=4^2$$
$$\vdots$$

我体验到了数学发现的快乐。

在亚拉斯拉夫市(Ярославль)的老家,我的祖父按照当时最新的教育方案创建了一所有几十个不同年龄的孩子的小学校,并创办了一种名为《春燕》(*Весенние ласточки*)的杂志。上面提到的数学发现就刊登在这份杂志上,我当时想出

---

[1] 本文译自:柯尔莫戈洛夫. 数学——科学和职业 // 量子(64期). 莫斯科:科学出版社,1988:7-22. (А. Н. Колмогоров. Математика — Наука и профессия // Библиотека Квант Выпускник 64. Москва:Нвука,1988:7-22.)

的一些算术题也刊登在上面。

后来我进入莫斯科依·阿·勒普曼（Е. А. Репман）私立学校，在这里学习了7年。这所学校比较特殊，学校的管理人员由激进知识分子组成。这所学校是男女混合学校，但按照男校大纲进行教学，因此，学校总是处于被关闭的威胁之中。记忆中，作为区域代表，在考试中取得的优异成绩常常使我们感到光荣。这所学校的课程体系也很有特点，我可以同时在其他高年级学习数学课程，并且，当时我对其他学科的兴趣也很浓厚。

给我留下最深印象的是克·阿·提米尔雅再耶夫（К. А. Тимирязев）所著的《植物生活》（Жизнь растений）。当时，我和我的一位朋友尼·阿·赛利外尔斯托维（Н. А. Селиверстовый）都被历史和社会学所吸引，并对这一兴趣保持了十分认真的态度。后来，当我17岁在莫斯科大学学习期间，所做的第一个学术报告就是在斯·乌·巴赫尔如史尼（С. В. Бахрушин）教授的讨论班做的有关诺夫戈勒德市（Новгород）的土壤学方面的报告。并且，在这个报告（在分析15～16世纪时期的税册时）中应用了一些数学理论方法。

1918—1920年，莫斯科的生活很艰难，只有一些性格顽强的学生才能坚持认真学习。当时,我与比我年长一些的学生一起不得不来到正在建造的喀山(Казань)至叶卡捷琳堡(Екатеринбург)[现在的斯维尔德洛夫斯可(Свердловск)]铁路上干活。为了准备中学的自学考试,我一边干活,一边自学。然而,回到莫斯科后,我有些失望,甚至没有进行考试,我就得到了中学毕业证书。

安·尼·柯尔莫戈洛夫

当时,人们认为技术比纯科学更为重要,因此,我同时考取了莫斯科大学的数学部(当时不用考试直接录用所有申请者)和门捷列夫学院金属系(要求数学入学考试)。但是,很快,对数学的兴趣就超过了对现实的数学职业的怀疑。而且,由于上大学的第一个月就通过了一年级的所有考试,作为二年级的学生,我可以得到每月16千克面包和1千克黄油的供给。按照当时的情形,这已经是足够的物质供给。衣服我已经有了,而木底的鞋子我会自己做。

1922—1925 年,我由于体重过轻而拥有额外助学金,并被派往中学去做一些工作。我现在很乐意回忆的是在俄罗斯(РСФСР)苏维埃纳尔科莫普罗斯(Наркомпрос)的泊特利黑内斯科(Потылихинск)实验中学工作的一段经历。当时,我教授数学和物理(那时,委托一个 19 岁的大学生立即去教授两门功课也没引起担心)并积极地投入到了中学的生活中去了(我曾是学校理事会的秘书和学校辅导员)。

在莫斯科大学,我只上专业课和讨论班。到了二年级完成了第一个独立的学术工作。我和我的一个亲密朋友——一个不寻常的卓越的天才数学家戈·阿·赛利外尔斯道维(Г. А. Селиверствый)(赛利外尔斯道维兄弟俩在卫国战争中阵亡)一起开始上弗·弗·斯捷潘诺维奇(В. В. Степанов)教授的三角级数的理论课。除了弗·弗·斯捷潘诺维奇,最初,我在莫斯科大学的一些导师还有弗·柯·乌拉索夫(В. К. Власов)、波·萨·亚历山大洛夫(П. С. Алексанров)、波·萨·乌勒瑟夫(П. С. Урысон)。过了一段时间后,我成了尼·尼·卢津(Н. Н. Лузин)的学生。

像以往一样,我最初的一些工作涉及我的基础的数学专业——概率论研究中一些个别的已经确定的问题的解决。

建立新研究方向时的一些更为广泛的活动是与阿·亚·辛钦（А. Я. Хинчин）一起开始的。

后来一些年，在我的所有进一步的工作中，与一些有才能的学生的合作是一件很有意义的事，他们后来都引领了一些研究方向。在泛函分析方向，是依·莫·盖尔方德（И. М. Гельфанд）。在多元函数逼近论方面，是赛·莫·尼克尔斯基（С. М. Никольский）。在近几年的涡流运动研究中，是阿·莫·奥布豪夫（А. М. Обухов）。在微分方程理论方法研究方面，是弗·尼·阿尔诺德（В. И. Арнольд）。

自 1920 年起，我的活动大都与莫斯科大学紧密联系在一起。我基本上还是一个纯数学领域的数学家，虽然我所从事的一些研究有时是在广泛的数学应用领域。我欣赏数学，数学是我们的技能的一个重要代表。我高度评价它对未来人类计算技术和控制论的意义。我经常想，在其他科学中，纯数学的传统领域还没有失去其荣誉地位，只是过分明显地将数学家分为两种是有害的。一种培养抽象的数学领域，而不是定位于将其与现实世界联系在一起。另一种忙于"应用"，而不是上升到对其理论基础的全面分析。所以，我想强调数学家的观点的合理性和价值，他们理解自己的科学在自然科学和技术发展以及在人类文化中的地位和角色之后，仍然按照它发展的内部逻辑坦然地继续发展"纯数学"。

在我们这个国家,意识到沿着这条道路发展的年轻人再也不用担心其社会需求程度,或者进一步说,是否会成为多余,也不存在工作机会是否会比农艺师、工程师、物理学家或者控制论专家更少的担心。

导 师

我对巴维尔·萨姆依洛维奇·乌雷索(Павел Самуилович Урысоне)的最初回忆是在1920—1921年的冬天,当时我刚刚开始了我大学课程的学习。巴列斯拉夫·卡尔聂里耶维奇·穆罗德再耶维奇(Болеслав Корнелиевич Млодзеевский)和尼古拉·尼古拉耶维奇·卢津(Николай Николаквич Лузин)同时教授分析函数论课程。课程很基础,是为大二和大三年级的学生开设的。

在课上,卢津召集到了几乎所有的"卢津弟子"——尼古拉·尼古拉耶维奇[1]的学生们。用现代的话说,基本上是研究生年龄段的。其中的一些"卢津弟子"也偷偷去听巴列斯拉夫·卡尔聂里耶维奇的课。尼古拉·尼古拉耶维奇的学生热衷于逻辑的严密性,他们发现了巴列斯拉夫·卡尔聂里耶维

---

[1] 尼古拉·尼古拉耶维奇就是指卢津,卢津是姓。——译者

奇的每一个这方面的疏漏。然而,巴列斯拉夫·卡尔聂里耶维奇给这些批评以丰富的营养回报。

有一次,他在自己的微分几何课上给我们讲了一个告诫:"有人对我们说,不存在无穷小量,但是,瞧,我在黑板上画了一个无穷小三角形。"在分析函数论课上,巴列斯拉夫·卡尔聂里耶维奇从不啰唆,但是,沿着他的思路,在初级的课程中可以很快地、逻辑周密地从基本的定义和理论过渡到更深入的具体的分析函数中。

尼古拉·尼古拉耶维奇的课更多地关注一些更为普遍的命题,像分析函数论的基础——柯西定理的证明。(当时,在一些基础课上还是不同寻常的。)按惯例,尼古拉·尼古拉耶维奇借助听课者的参与在课上创建证明。在一些辅助的纯几何论断的基础上,他构造了我们已经证明过的柯西定理的证明。事实上,我发现这个证明是错的。尼古拉·尼古拉耶维奇马上明白了其矛盾之处,并做出决定,让我在本科生数学小组上报告其反例。

巴维尔·萨姆依洛维奇预先检查了我的构造和证明。起初,这些证明并不严格。简单地说,某一曲线"显然"可以轻轻地、不要过大地拉伸移动一下,就可以绕过一些点,等等。巴维尔·萨姆依洛维奇很委婉地但也很坚定地认为是我自己解决了这些用"ε-δ"的相关证明。

虽然,我的结果很幼稚,但这一成绩使我很快在"卢津弟子圈"中脱颖而出,在这之前,我是"靠边站"的,并摇摆于他们感兴趣的早些时候发展较快的射影几何[阿列克谢·康斯坦丁诺维奇·乌拉索夫(В. К. Власов)认为更现代,也确实很完美]和一些模糊地将数学研究应用于物理和自然中的愿望。

在后来,1921—1922 年,我开始作为"自己人"即卢津的第 16 号弟子去上卢津和波·斯·亚历山大洛夫(П. С. Александров)的课,并开始尝试去研究亚历山大洛夫的摹状集合论课程。起初只有一些简单的结果,我甚至都不记得是否给别人讲过,却引起了巴维尔·萨姆依洛维奇的注意。有一次上完卢津的课后,巴维尔·萨姆依洛维奇在莫斯科大学的楼梯上走到我跟前对我说:"最近一段时间,尼古拉·尼古拉耶维奇不打算收新学生",因此,我是否"愿意跟他(巴维尔·萨姆依洛维奇)学习"。我很高兴地同意了。

我去过巴维尔·萨姆依洛维奇在斯塔若皮诺夫斯基胡同(Старопименовский переулок)的家很多次。他家里除了床和一个小工作桌之外,只有一把圈椅和一把椅子。我们的谈话涉及了数学中的各个领域,巴维尔·萨姆依洛维奇的兴趣和知识很广泛。巴维尔·萨姆依洛维奇做得最多尝试是把我引向他自己研究的庞加莱猜想中有关曲面上的闭测地线问题上。此问题吸引人之处在于其形式非常简单。如果不进行形式化的精练定义，用一块被海浪冲刷光滑的石头和橡胶圈就可以对"路人"解释清楚。

庞加莱的猜想是说至少可以用三种不同的方法把橡胶圈套到石头上，使其长度尽量小且不滑落（当其一边有一个小的物体进行一个小的移动时，使这个长度不改变）。当时，考虑的是橡胶圈的位置，不用考虑其自交（例如，不会有8字形）的情形。在球面上那样分布的橡胶圈有无穷多个（沿着任意一个大圆），在三维椭球上有三个（在三个主截面上）。猜想说明椭球的情况是最小的，三个闭的不自交的测地线可以在任意一个闭凸面上找到。（或者更一般的情况，在任意一个同胚于球面的曲面上。）庞加莱成功地证明了存在一个闭的测地线。巴维尔·萨姆依洛维奇证明了存在第二个并在坚持探索着存在第三个的证明。

我喜欢与此相关的所有系列问题，它更符合我的数学研究观念。但是，显然，如果没有新的方法而用直接的天真的推理去证明第三条测地线的存在性不是一件容易的事。[1923年，巴维尔·萨姆依洛维奇收到了布拉史克（Блашке）的著作，其中谈到，该问题已经被盖尔格洛茨（Герглоц）解决，并简短地陈述了盖尔格洛茨构造的思想。]所以，或许巴维尔·萨姆依洛维奇认为问题已经得到解决或者忙于维度论和一般拓扑空间理论，后来就没有再研究此问题，也没有再发表相关文章。1927 年，对于在非凸曲面的情况，毕尔克果夫(Биркгоф)给出了问题的解。不久，勒·阿·留斯切尔尼克(Л. А. Люстерник)与勒·戈·史尼勒尔曼(Л. Г. Шнирельман)在他们的工作中指出，关于三条测地线问题的解是他们所建立的一般的具有广泛应用的更深入理论的一种特殊情况。

不过，波·斯·亚历山大洛夫的更为抽象的集合论课程吸引了我，使我开始了更为一般的"集合算子理论"研究。后来，我把自己在这方面的设想和一些结果告诉了巴维尔·萨姆依洛维奇，当他确信我对这个方向的研究高于其他方面时，他就把我推荐给了波·斯·亚历山大洛夫。当时，他认为，这一研究有可能使我的工作在幂状集合论方面取得大的成果。

这一年，我开始参加三角级数讨论班。讨论班的总负责人是卢津，但我参加的小组的负责人是瓦切斯拉夫·瓦西里耶维奇·斯捷潘诺维奇(Вячеслав Василъевич Степанов)。我在三角级数领域取得的一些结果引起了尼古拉·尼古拉耶维奇的注意，他比较正式地邀请我参加由我的同龄大学生组成的一周一次、每次一小时的一个小组，把我作为卢津的人进行了介绍。这样，我就被冠上了尼古拉·尼古拉耶维奇的学生之名。当然，这一冠名也包括与"卢津的人"的老同志们的学术联系。

过了很长时间，在被概率论和数理逻辑吸引之后，我的知识的内部的逻辑又把我引向拓扑。现在，有时我会有些忧伤地想，在巴维尔·萨姆依洛维奇的学术活动上集中的那么短暂的时间里，我只是接触到了他所感兴趣的独特的个人创造的外围。

当时的莫斯科数学界云集了大批优秀人才。但是，就是在这种情况下，在自己的课上，巴维尔·萨姆依洛维奇仍然以极大的兴趣有针对性地选择了内容，安排了独特的习题（其中有一次，当着我的面，他认为他对我的研究方向负有责任），善意地将别人的成就应用到最细微之处并给予了客观的评价。

对柯尔莫戈洛夫的访谈

谈话在莫斯科郊外的一所老木屋进行。一般情况下，柯尔莫戈洛夫都是在这里度周末。那是一间明亮而陈设普通的房间。在一个角落放置着一个旧的但质量很好的唱片机，边上有一个唱片架。墙面都是书架，在房间的中央有一张大桌子，桌子上有很多书，文章的校样、手稿，还有一些艺术图片册。安德烈·尼古拉耶维奇·柯尔莫戈洛夫坐在靠窗的一个不大的书桌边，旁边是打字机、一些整齐且写满了的纸和录这次谈话的录音机，我们速记了这次谈话并希望读者关注。

采访者：安德烈·尼古拉耶维奇，常常能听到关于科学专业化的发展。同时，大家都知道，您在数学领域所从事的研究方向也是相隔比较大的，像概率论和代数拓扑，数理逻辑和动力系统理论。按照您的看法，将来的科学将按什么方向发展，多方面的还是专业化的？

柯：数学是很宏伟的。一个人不可能研究它的所有分支，但是数学又是一个统一的科学，在它的分支里产生了越来越新的联系。并且，有时是以无法预料的方式在进行，其中一个分支对另一个分支来说是工具。所以，对我们的科学而言，把数学家隔绝在一个很窄的范围内是毁灭性的。以集体的形式在数学领域进行研究境况会好一些。有一些数学家会明白数学领域的不同分支的联系。另一方面，也可以在数学的比较窄的方向有大的贡献，但在这种情况下仍然要明白自己专业领域的研究与邻近领域的联系,甚至只是一般的特性。要清楚,本质上讲,在数学中,科学研究是一种集体性的工作。

采访者:关于纯数学和应用数学的相互关系和联系,您能谈谈您的看法吗?

柯:首先需要指出的是,纯数学和应用数学之间的区别是特别约定的。纯数学中的一些似乎没有应用性的问题,常常是完全无法预料地在各种应用中显示了其重要性。从另一方面讲,在研究应用数学时,学者几乎无法回避一些复杂的问题,其解决方法以其逻辑上的完美性吸引着他。但是,实际上得不到直接的应用。看来,在数学实践中,需要一些应有的广度。毫无疑问,数学家应该从事真正被称为实践问题的那些问题,这是他们的义务。如果有一些复杂的问题,假设不能立即具有应用性,甚至只是由于完美和自然产生而具有吸引力的问题,也需要去研究它们。

采访者:诺尔拜尔特·维奈尔(Норберт Винер)在自己的自传中写道,当他感觉到"柯尔莫戈洛夫把我踩在片木可(Пямки)[①]上"时,他便停止了泛函分析的研究。您如何看待

[①] 一种滑雪器具。——译者

数学界的竞争？

柯：我不是太理解维奈尔的声明。在泛函分析领域我做得不太多。在这一领域我最感兴趣的是被称作"维奈尔螺线和希尔伯特空间的一些有趣的曲线"。

关于竞争，当它比较少地区别于合作时，是友好的。当两个数学家同时或并行思考同一个问题时，紧密的合作对双方都是很有效的，但有时也会出现合作的一方实际上好像有些多余，此时他应该理智地毫无怨言地离开。

采访者：数学是不是一直都是您的基本爱好？从什么时候开始您彻底地选择了数学作为职业？

柯：不是。我的发展道路很曲折。小时候的一些事大家都已经知道了。我很善于计算并且对具有算术特征的数学问题感兴趣，比较早地就接触了代数初步，但是这些都是比较小的时候。后来，在中学，其他爱好就占了上风，其中包括历史。到了中学的最后几年，又回到了数学上。中学毕业后，有很长一段时间在选择未来的道路上都在犹豫。在大学的初期，除了数学，我还郑重地参加了由斯·乌·巴赫尔如史尼（С. В. Бахрушин）教授主持的有关古俄罗斯历史的讨论班，也没有放弃有关技术事业的想法。因为我对金属很感兴趣。在考大学时，我同时也考取了门捷列夫（Д. И.

Менделеев)化工学院金属部并在那儿学习了一段时间。最终选择数学作为职业,其实是在我独立地得到了第一个学术结果时,即在 18 到 20 岁之间。

采访者:对数学的才能一般会在多大时显示出来?是不是像您那样总是在比较小的时候?

柯:我在中学工作过,中学工作给我留下的印象是:在中学,12~13 岁的学生对数学的兴趣常常是一阵阵的。持续的兴趣在中学高年级才会出现,对女孩更是这样。对在 13~15 岁时被数学吸引的那些中学生,我认为是值得培养的。在有利的培养下,他们的才能会稳定发展,并且一般来说不会丢失。有时,自然,也会有一些例外,对数学的真正的兴趣也可能会出现得晚一些。

采访者:在老一代数学家中,谁对您的影响最大?

柯:在大学时,我曾经是卢津(Николай Николаквич Лузин)的学生。除他之外,斯捷潘诺夫(Вячеслав Васильевич Степанов)、辛钦(Александр Яковлевич Хинчин)、亚历山大洛夫(Павел Сергеевич Александров)以及他们那个时代的其他一些数学家都对我有比较大的影响。

采访者:您能谈谈您的学生吗?您最愿意提到其中的哪一位?

柯：我很幸运有那些天才的学生。他们中的许多都是与我一起开始了某一领域的研究。然后，又开始了一些新的题目，并且完全独立地得到了一些大的结果。很难从中选出印象最深的。

我只说一个笑话。现在我的一个学生正在管理地球的大气，而另一个在管理海洋①。

采访者：安德烈·尼古拉耶维奇，您平时的日程是怎样的？

柯：在我的生活中，不同时期日程自然是不同的。我只描述其中一个时期，是我和 П. С. 亚历山大洛夫在莫斯科郊外的农村卡马罗夫卡（Комаровк）一周里的 3～4 天中的安排。

柯尔莫戈洛夫和 П. С. 亚历山大洛夫在卡马罗夫卡

---

①这里是指苏联科学院大气物理研究所所长、院士 А. М. Обухов 和海洋领域的专家、苏联科学院通讯院士 А. С. Монин。——原书编者

一般早晨 7 点起床，开始做做操，跑跑步。8 点吃早饭，然后坐在桌前工作，有时用打字机，有时不用。

中午 1、2 点时喝牛奶或咖啡，吃面包。午后，再工作一会儿。但平常，在 4 点之前会去散散步，或者冬天就去滑滑雪。然后睡大概半小时。

下午 5 点吃饭，饭后再工作。一般是第二阶段的，写信或回信。

晚上，读读书，听音乐，接待客人。

睡前，我们喜欢再去散散步。

在 10 点左右睡觉。

但是，当然有时在从事研究工作时，会渐渐触及一些主要问题的解。这时，一切事情都会脱离计划，就不会有任何日程了。

采访者：您是不是与其他许多数学家一样，喜欢严肃音乐？请问为什么？

柯：您所说的关于对许多数学家的评论对我也是一样的。如果去音乐厅，特别是去莫斯科音乐学院小厅，在那里，你会觉得有些不相称，因为你会在那里看到许多数学家。可见，在数学创造与对音乐的真正兴趣之间有某种深入的联系，但是搞清楚和解释这种联系对我来说很难。但我注意到，我的朋友亚历山大洛夫说过，他的数学思想、创造性思维的研究的每一个方向都与某一个具体的音乐作品相关。

我最喜欢的作曲家有莫扎特、舒伯特，当然还有最伟大的音乐家巴赫、贝多芬。

采访者：语言学家和文学家注意到了您出版的诗，您能谈谈吗？哪种创作更不平常，是数学还是诗？

柯：我希望将这个问题分开谈。因为我对诗的爱好具有无意的和自然的特点，这一点与那些对诗进行创作的人不同。我喜欢的诗人是秋特切夫（Тютчев）、普希金（Пушкин）、布劳克（Блок）。关于我在俄罗斯诗的格律和韵律方面的科学工作确实引起了文学家的注意，但这毕竟是非常专业的研究领域，不一定会使更多人感兴趣。

采访者：您从事体育活动吗？是什么样的？

柯：我从来没有从事过竞技体育活动。如果我没有记错的话，我只参加过三次10公里的雪橇比赛。但我总是非常喜欢长距离的走路和雪橇，完成过乘皮艇或小船的长途旅行，非常喜欢游泳、爬山。我喜欢这些项目，不仅因为它们对身体有益，而且因为这些项目能够与大自然接触。

我总是喜欢在海浪中游泳，喜欢在三月的阳光明媚的日子里进行大的雪橇比赛。在三月的雪橇比赛中,在刚刚解冻的河边,我喜欢畅游在阳光下的雪堆中。当然,我不提倡在这些方面模仿我——可以只记录在某些方面吸引您的体育活动。

采访者:安德烈·尼古拉耶维奇,您希望给我们的读者什么样的寄语?

柯:我自己是一个学者,因此,当然,首先我祝愿我们的读者为科学做出贡献,大的或者只是一个小小的贡献。当然,我想说,如果所有我们的读者能够独立地写一些学术文章,那么,学术杂志就不会有那样的工作压力。所以,更简单一些说,希望中学生数学读物在将来也能使读者更感兴趣,在《量子》杂志中我们恰好在努力向您展示数学的各种应用。

学生谈老师

1983 年 6 月 8 日,在院士 H. H. 卢津(Н. Н. Лузин)百年华诞之际对 А. Н. 柯尔莫戈洛夫(А. Н. Колмогоров)的访谈。

采访者:在见到卢津之前,你对他有什么了解?

柯:1920 年秋天,我上了莫斯科大学数学物理系数学部的第一个课程。作为学者和授课人,卢津的名字在大学生中很有知名度,因此,我立即去听了他的复变函数论课程。同时,Б. К. 穆罗得再也夫斯基(Б. К. Млодзеевский)也以更为传统的风格教授复变函数论课,我们大学生曾经生动地谈论了这两堂课的内容在风格方面的区别。我记得,卢津还同时讲授线性代数,但我没有去听。

采访者:复变函数是不是必修课?您必须修这门课吗?

柯:当时的大学生几乎没有像现代对"必须"这个词的理解的那样必须做什么。听课是自愿的,必须做的只有考试。要求在二年级考试的科目非常少,为了要得到大学生定量食物(一个月一普特①面包和一公斤黄油,这些定量是对一般票证的补充),我在一年级初就通过了所有这些考试,并且后来到五年级开始时,我已经不用考任何试了。(然而,在大学期间我写了15篇学术论文并以很浓厚的兴趣在中学教书,因此,用来考试的时间并不多。)总之,以现代的观点来看,那是很乱的。关于复变函数课,当时是在二年级开设。

采访者:您与 Н. Н. 卢津认识是以什么方式,如何进行的?

柯:每一个学生每周一次在晚上来往于尼古拉·尼古拉耶维奇在阿尔巴特大街的住处——常常每周有固定的一天。我的时间是与 П. С. 诺维科夫(Пётр Сергеевич Новиков)、Л. В. 克尔德什(Людмила Всеволодовна Келдыш)、И. Н. 赫

---

①普特(Луд)是俄国旧质量单位,1普特等于16.38千克。

罗德弗斯克（Игорь Николаевич Хлодовский）一起。上课时是卢津与我们四个学生谈学术问题。与学生一起紧张地工作是当时由尼古拉·尼古拉耶维奇推广的一种新现象。

所有我最初的一些工作都是与 H. H. 卢律所发展的方向有关：三角级数，积分理论，蓦状集合论与函数。能与 H. H. 卢津沟通，给他讲还未完成的结果很重要。应该承认，我从事蓦状集合论与函数的研究违背了 H. H. 卢津的意愿。H. H. 卢津给所有自己的学生都分给了应该做的测度（三角级数和积分论）和蓦状集合论方面的研究，让我做的是测度方面的研究。

采访者：H. H. 卢津对您后来的工作有什么影响？

柯：1925 年我从莫斯科大学毕业并考上了研究生，研究生的导师还和以前一样，是 H. H. 卢津。（我记得，当时上研究生不用像现在这样做学位论文，1934 年才引进学位制。）还在 1924 年，我开始对概率论感兴趣，我在这一领域的第一个研究成果就是在 1924 年做的。

这一结果与 А. Я. 辛钦（也是 H. H. 卢津的学生）合作完成。我的所有概率论的课都是与 А. Я. 辛钦一起上的，在这一理论课程的几乎所有的初级阶段中，我们都应用了函数测度论中的各种方法。那些论题像大数定律的适用性条件、独立随机变量级数的收敛条件，从本质上讲都应用了一般三角级数论中的方法，即由 H. H. 卢津和他的学生们建立的方法。

采访者：您如何评价 H. H. 卢津在数学分析发展中的作用？

柯：H. H. 卢津用函数测度论、函数摹状论以及集合摹状论中一流的研究工作进入到了数学领域，与年轻一代一起建立了新方法，对于莫斯科和莫斯科数学学派具有重要意义。充分的个人指导和对问题的选择能力在这个新方法中起到了本质作用。H. H. 卢津坚决地引进了以下的方法（他自己用这些方法，并且也教给了他的学生）：抓住某一个问题并从各个方面研究它。应该尝试证明假说或同时推翻它。如果证明无法进行，就应该走向其反面，构造一个反例。如果得不到反例，就应该重新回到证明上。如果暂时得不到结果，也不要离开这个领域。在实变函数论中，可以看到两种处理方法：进行证明或寻求反例。那种处理方法真的是用在了用极高技术构造实例中（现在亦被称为反例法）。在这一方向上，H. H. 卢津学派在 20 年代被认为具有比世界所有其他科学中心更有优势的水平。H. H. 卢津学派建立的实例是很多的，我马上就可以举出其中的一些：闵施克夫（Д. Е. Меньшков）零点级数和拉夫列奇耶夫（М. А. Лаврентьев）构造的右连续的一次一般微分方程，其在每一个点的唯一性都被破坏。

（姚芳译）

职业数学家

——为了苏联数学家队伍的才能和数量的补充[①]

数学方法在像力学、物理和天文学这样的科学中的作用是众所周知的。同样,对于工程和技术这样的实践类工作,数学也是必要的。几何基础知识或者应用字母公式的技能几乎对所有的工匠和技术工人都是必要的。但是许多人还不能清楚地认识到,数学专业的意义和作为基础职业的数学本身的意义。

非常多的人都以为教材和数学手册中已经收录了足够多的在解数学习题时用到的公式和法则,甚至有些很有教养的人也经常困惑地询问,难道数学中还能有什么新的东西?

为什么掌握了大量公式和定理的数学家有时会让人觉得他是很枯燥的人?并且大家都认为他的工作都是由一些

[①] 本文译自:柯尔莫戈洛夫. 论数学职业. 3-6. (А. Н. Колмогоров. О профессии математика. 3-6.)

事先已知的、准备好的、由他人传授给他的知识组成。只有中学数学和高等学校初级阶段的数学知识才会有这种它们都是由前人获得的情况,但是即使是这种最简单的数学知识,要能熟练地、有效地应用,也必须能创造性地理解它们,使学生能自己看出如何独立地获得它们。因此,不仅是对于高等学校的数学教师,即使对于中学的数学教师,也要求他们对他们所教的科学不能仅有形式化的知识。真正能把数学教好的,是那些热爱数学,并把数学看成鲜活地发展着的科学的人。很有可能,很多中学生在这样的教师教授下知道数学是多么有趣,从而就容易和可接受了。

而对于应用数学去解决技能问题的人而言,以新的方式用数学来解决问题的独立性与能力,就成为更高的要求了。对于每个使用数学的工程师而言,其工作本质上也是如此。但既然这里所要求的数学知识与能力并非一切人都具有,从而我们大多数的科学技术研究所以及某些大工厂都广泛地倾向于吸引数学专家与工程师一起解决技术问题。

能领导巨大的计算工作的数学家是特殊的、很缺乏的一类数学家。在我们的时代中,有很多问题,为了得到其中的数值结果,要求超过人力可能的计算。

虽然如此,现代有很多问题都需要多位计算人员求其数值解。堤坝的弹性应力,水在堤坝下的渗透,飞机在飞行时所经受的阻力,或子弹的轨道,这些都是整个计算室要花费数月甚至数年来工作的一些典型例子。这些工作往往非常精细,要求计算人员有很好的技能及必要的数学修养。但需要大多数具有创造性以及在大学获得了坚固知识的数学家来把数学问题简化到一定形式,从而使它具有不是很困难的数值解。现在数学中计算方法理论本身已发展成一门庞大的科学,并且随着数学力学的发展,对于掌握了这种方法的专家的需要日益增加,他们面临着各种程序化的问题,就是说把计算过程构造成容许以一定类型的完全自动化的机械形式。

把数学看成不断地在其理论基础上建造起来的完善科学,这绝对是错误的。事实上,对应着力学(非线性震动,超音速力学)、物理学(量子物理学的数学方法)以及其他相邻科学的新任务,数学也以完全新的理论丰富起来并彻底地改造自己。另一方面,在数学本身的内部,累积了大量的用特殊方法解决了分散的专门问题之后,创造了新的一般理论,以全新的观点阐明这些问题,并可以用一致的方法解决。例如,在我们眼前建立的泛函分析和在 17 世纪至 18 世纪创立并在一切高等技术学校讲授的数学分析的关系,正和代数与算术的关系一样。所谓泛函分析的算子方法在现代物理学和技术上都有着宽广的应用。

苏联现在要求数百名独立的研究工作者从事数学本身的理论问题研究。如果比较一下十五年以及三十年以来苏联数学进展的总结性出版物,可以看出在前十五年给数学科学带来一些本质上的新的东西的数学家约有二百人,而在后十五年约有六百人至八百人。

除此之外,再加上我国对师范与教育学院的数千名数学教师的需要,就可以清晰地看到,为什么苏维埃国家要求在各大学数学力学系与数学物理系培养如此多的高质量的数学工作者。

目前,苏联高等教育部采取了重要措施,以求提高高等学校数学教师的质量,并吸引大量爱好数学的青年到大学里来。

说到这里,回忆一下下面事实是很有意思的。即在伟大十月社会主义革命后的最初几年中,青年人几乎全部进入高等技术学校。他们之中很多人以为,只有这样才算是足够直接地参加了社会主义建设。在革命后的最初几年,这种想法还有一些合理的基础。但后来,即使从直接经济的观点出发,当科学的发展成为最迫切的需要的时候,为了我国的需要,必须以一定的努力消除部分青年对期望他们进入大学的远景缺乏信心的现象,这种状况现在已得到改善。但是,把已发表的结果应用到数学上,甚至其他科学中,仍是很少且不足的，对于这点现在还需进一步努力。

1952年，苏联大学数学专业的招生预计比往年大大增加。在扩大数学专业招生之际，不仅要招收考得好的，而且要招收喜欢数学的青年，这点是非常重要的[①]。为此，必须在每所中学创造机会，使这些数学爱好者能明确自己的爱好和能力并能得到机会。

为了使选择完全出于自觉，采取参加数学小组和地方数学竞赛的方式都是很有益的。阅读相关的文献并在解较难的题上试试自己的力量也会更有益。

（姚芳译）

[①] 在莫斯科、列宁格勒、基辅、隆拉托夫及托姆斯克各国立大学有力学数学系（或数学力学系），其中设有基本的数学力学与天文专业。在其余各大学有物理数学系，其中设有数学物理力学及天文专业。

对数学研究工作特点的几点注记[①]

与任何科学一样,研究数学首先要求对所研究的问题具有扎实的知识。当然,也不能认为,在数学中,找到或做出新东西的可能性就比在其他科学中更困难。经验表明,有才能的数学家常常是很早就独立地开始了科学研究。

仔细阅读通俗数学史文献就会发现,如果在 16 岁或 17 岁的年纪就得到数学发现是一些例外的话,那么,在很多数学家的传记中可以看到,在 19 岁至 20 岁,就是大学的中期,就开始有了相当重要的科学研究结果,并且是相当典型的。

当然,往往是在后来才能做到提出具有一定广度的问题。但是,解决已经提出的确定的难题方面,青年人往往可以成功地和年长的知名学者竞赛并能毫不逊色。每年总有几十篇发表于苏联科学院报告那样的刊物上的学术著作,是

---

① 本文译自:柯尔莫戈洛夫. 论数学职业. 7-11. (А. Н. Колмогоров. О профессии математика. 7-11.)

由莫斯科大学数学专业的学生完成的。

有些数学发现的背景是一些简单的想法，有些是完全直观的几何作图，有些是某种新的初等不等式等，只需要适当运用这种简单的想法去解决初看上去似乎不可接近的问题。

因此，有最新、最难的创造性数学研究，也有有能力的且足够顽强的年轻数学家所能达到的问题，在上述二者之间，并没有不可超越的壁垒。类似的情形可以在苏联著名代数学家 Н. Г. 切博塔略夫（Н. Г. Чеботарев）的《数学自传》中看到。在这部著作中，作者阐述了自己开始于中学的最初尝试，一直到在代数上取得了重大发现的学术探索经历。

其次，是有关数学家在自然科学问题上的工作（力学、物理、技术）。当前，当数学家与相邻专业的研究者进行合作时，如果合作发展得特别宽广，就可以确定地说，这种合作的最成功之处，则是数学家不会仅仅局限于完成合作者向他们提出的指令，而是要努力深入到自然科学与技术问题的本质中。事实上，当问题涉及数学物理与理论物理、理论力学或理论地球物理方面的专家时，可以有两种培养途径，其专业教育可以先从学习物理学、力学或地球物理学开始，也可以在大学的数学系攻读数学专业，然后再转入数学应用的各种不同领域。

有人认为，第二种培养途径结果更好一些，就是说，在牢固的数学基础上研究空气动力学、气体动力学、地震学或动力气象学,与上述这些领域中的专家相比较,在数学基础上补足其他专业知识比补足其数学准备之不足要容易些。这种看法确实有些极端,而且,应注意到,例如,转到任何邻近领域进行研究的数学家需要较好地掌握实验技巧,这乃是比较少见的例外。但也不得不承认,在最初是数学专业的学者中后来的确产生了很多邻近科学中的大专家。

在 М. А. 拉弗连捷夫(М. А. Лаврентьев)院士与 С. Л. 索伯列夫(С. Л. Соболев)院士的学术工作中,很难把数学与力学及地震学分开。著名的力学家 М. В. 凯勒迪什(М. В. Кельдыш)院士以及苏联科学院通讯院士 Л. Н. 斯列腾斯基(Л. Н. Слетенский)、Л. И. 谢多夫(Л. И. Седов),著名的地球物理学家、苏联科学院通讯院士 А. Н. 吉洪诺夫(А. Н. Тихонов),著名的理论物理学家、苏联科学院通讯院士 Н. Н. 博果留博夫(Н. Н. Боголюбов)等,他们都是大学数学专业的毕业生。

在自然科学与技术中,还可以举出很多与数学联系紧密的学者名单,他们都有具体成就,在直接实践方面,这些成就很重要。

(姚芳译)

数学小组·数学竞赛·独立准备大学入学考试[①]

在中学义务教育阶段,数学教学的目的是使所有的学生坚实地掌握数学,至于如何用解决复杂问题来测试自己的水准,就如同怎样应用复杂的数学结果去处理自然科学,又如同怎样去应用数学,这类活动应当放在数学小组里。

在许多学校中,数学老师们已经开展了这样的数学小组。在许多城市里,也在利用大学和师范学院的资源来组织各中学校际的数学小组活动。这些活动都是对中学生进行数学问题和数学史讲座报告。

在数学竞赛中提出了一些难题,对于优胜者给予奖品或鼓励,这种数学竞赛工作的好坏还要依靠数学小组的工作,并且,这种数学竞赛应当配合完成当年的数学学习,而不应只是孤立地安排在假期中。

[①]本文译自:柯尔莫戈洛夫.数学——科学和职业∥量子(64期).莫斯科:科学出版社,1988:12-13.(А. Н. Колмогоров. Математика——Наука и профессия ∥ Библиотека Квант Выпусник 64. Москва:Нвука,1988:12-13.)

在数学小组或竞赛上,有时所提出来的问题很不自然,有时甚至很可笑。如果在解决所选问题时,思想方法上很费力,并且费力程度与对有独立数学研究基础的成年人的要求差不多,那么,这种情况就要进行批评。

在数学小组里,组员宣读报告或者由老师和高等学校教师给中学生做讲座,都可以使学生理清数学科学发展的基本道路,也可以使学生理解数学对于自然科学与技术科学的意义。当然,在数学小组里,如果提供出来的问题里给出了这样有说服力的有用的材料,那将是很好的。但是如果要求对青少年数学人才的大多数"训练"工作具有这种要求,那就未免要求太高。只有经过解决问题的过程,这种能力才能得到发展和提高。

独立地解决难题也可以与参加数学小组无关。对于数学爱好者,可以提供一些趣味问题汇集。有些这种问题汇集中也写到,当解决了一系列彼此关联的数学问题后,学者就可以深刻体会到相当复杂的数学理论的发展脉络。除了上述较高水准的问题汇集之外,还有一些数学个别问题的小册子,在这些小册子里,有些问题是希望尽量减少技术上的困难,而将读者引领到问题的中心,而且到目前为止,这些问题仍然是还没有完成的研究工作。

当然,在数学小组中,听讲演和阅读补充文献都不应该分散学生的学习,他们还有从课本上学习比较基础初等但却是独立的学习任务。应该记住,为了能够进入大学,首先需要坚实地理解中学的课程,并基于这种理解,具有能够清晰而又自信地解决常规标准问题的能力。

除此之外,如果我们把苏联莫斯科国立大学数学力学系入学考试试题和竞赛问题比较一下,就可以看到明显的不同之处。在求解考试题时并不需要特别的创造能力,只需要系统应用你在中学所学到的方法和规则,就可以解决其中的大部分问题。只是这些试题常常都是在形式上会表述得较为复杂。

为了能求解数学问题,必须记住一些公式、规则和定理,必须有一些步骤的应用,而不是在很长的计算或演讲里乱弄一阵。在求解这类试题时,可以比较精确地看出应考者的知识基础,可以看出应考者是否可以正确掌握代数变换、几何直观研究等能力。

(姚芳译)

初等数学与高等数学[①]

  笛卡儿的变量(数学)是数学中的转折。由于有了变量，运动和辩证法进入数学之中并且微积分很快建立。

  只有微分计算使自然科学不仅可以用数学刻画位置，而且可以描述过程：运动。

——恩格斯，《自然辩证法》

  恩格斯的这段话所提到的数学中的转折发生于 17 世纪，那时，数学科学的基础建立了。这一转折的意义是伟大的。直到现代，由于这一转折而形成的数学分支——被称为高等数学，它区别于早些时候形成的初等数学。

  高等数学中包括基本的实变量之间的函数关系和一些极限理论中的知识的一些基础概念已经进入到现代中学大纲[②]之中。在自然科学和技术中有着重要数学应用的微积分

[①]本文译自：柯尔莫戈洛夫. 论数学职业. 15-21.（А. Н. Колмогоров. О профессии математика. 15-21.）
[②]20 世纪 50 年代末、60 年代初的苏联时期。——原书编者

计算也已经是中学大纲范围的内容了。

在中学数学中,一般很少选择极限基础上的微积分初步。因为一般来说,他们学习的材料需要进行选择,要符合经过一个比较短的引入性的解释之后马上用于解一些独立习题的需要,微积分初步的学习又需要比较长时间的系统学习。一方面,微积分方法的本质和意义不是我们所认为的那样。另一方面,微积分方法的作用和它的本质在于:如果不理解它,就不可能体会到数学对于自然科学和技术科学的所有意义,乃至于不可能全面地认识数学科学本身的美丽和迷人之处。

例如,在初等数学中,求出和证明一些比较复杂的图形的体积和表面积公式很困难。大家都知道,求棱锥的体积就会使学生感到很困难,推导出圆锥的体积公式 $V=\frac{1}{3}\pi R^2 H$,球的体积公式 $V=\frac{4}{3}\pi R^3$ 和表面积公式 $S=4\pi R^2$ 更为复杂。最难的是,其中每一个公式的导出都有独特的方式,并且也不像几何教材中那些面积和体积习题的求法。然而,在认识微积分初步时,例如,所有旋转体的体积都可以计算——统一为简单和完全自然的积分方式求解。在认识了积分后,任何其他求面积和体积的习题原则上并不难,它们都可以变为用确定方法可以解出的习题,就像在初等数学中每一个类似上面的那种公式都是一个可以用独特方法证明的定理。

极大值和极小值类问题的初等解法是复杂的和很具技巧性的一类问题。如果学习了微分，所有这些一大堆不同而又细致的方法，其大部分完全都是多余的。而在高等数学中，此类问题却是很简单的。因为在高等数学中，只需要认识微积分初步中导数的概念，掌握一些简单函数的导数计算以及导数应用于极大值和极小值中的规则即可。

函数 $y=f(x)$ 的导数 $f'(x)=\dfrac{\mathrm{d}y}{\mathrm{d}x}$ 从直观上看很简单，如果将 x 看成时间变量，那么 $f'(x)$ 就是相关变量 y 的速度。研究以时间为变量的变化过程时可以这样解释导数概念的基本意义。

在力学中就有那样的实例，就像伽利略引入的自由降落物体定律，求完全满足的解只能用高等数学中的方法。大家都知道，任意物体在 t 时间内自由落体的路程公式为 $s=\dfrac{1}{2}gt^2$（g 为重力加速度），这个公式在中学物理中给出有一些复杂和造作。但只要掌握以下内容：速度是走过的路程对时间的导数，即 $v=\dfrac{\mathrm{d}s}{\mathrm{d}t}$，而加速度是速度对时间的导数，即 $g=\dfrac{\mathrm{d}v}{\mathrm{d}t}$。再了解最简单的积分规则，进行一个很简单的计算就可以推出：

$$v = \int_0^t g\,\mathrm{d}t = gt$$

$$s = \int_0^t v\mathrm{d}t = \int_0^t gt\,\mathrm{d}t = \frac{1}{2}gt^2$$

物理和力学的大多数更复杂的问题中，例如，研究运动现象的基本定理，同样可以借助于研究变量对时间导数有关的方程很简单地表示出来。有关未知函数与其导数的方程称为微分方程。

借助微分方程可以比较简单地描述万有引力定律作用下天体的运动定律、各种无线电技术电路的工作原理、在各种力学结构中张力的分配规律等。对那些方程解的研究也是自然和技术给数学提出的基本问题之一。

在高等学校之前，在一定程度上学习微积分就已经是比较难的，加上再学习一些微分方程解的理论就更难了。但是，对数学感兴趣、被数学所吸引的人可以试着在中学毕业之前了解一些微积分的简单概念①。无论如何，我们很多学者就是这样走进数学的，而且，对于其中一些人来说，正是因为学习了高等数学，使他们终于以数学作为了他们专业决策的依据。对于这一点，可以举出上面曾提到过的 P. 库让特(Р. Курант)和 Г. 若宾斯(Г. Роббинс)的书《什么是数学》(Что такое математика, 1947)，或去读一些高等学校用的相比较而言易懂的教材。

对于决定不会从事这方面工作的人而言，上面的叙述可

---

① 这篇文章写于 1959 年，当时的中学数学中还没有微积分的内容。——原书编者

以帮助他理解到,在进一步学习数学时,他的前景要比他以前所想象的更宽广和更有趣。

(姚芳译)

迈向科学之路[1]

莫斯科大学附属寄宿学校开始了运作,就像类似的新西伯利亚大学、列宁格勒大学和基辅大学的附属寄宿学校一样。现在同样的寄宿学校也在苏联其他加盟共和国,如格鲁吉亚、亚美尼亚和立陶宛建立。

建立这些学校的目的是让那些被数学和物理吸引的外省的青少年们具有与居住在中心城市的同龄人一样的发展机会。虽然还有一些缺憾,这一点我在后面还要谈到,我们的学校[2]还是完成了任务。

按照莫斯科大学和莫斯科数学物理工程研究院(МФТИ)(是我们所有的毕业生都试过自己能力的地方)入学考试的成绩,寄宿学校是所有莫斯科的最好的中学中排在最前面的,甚至还包括那些在七至八年级就进行复习准备并在十年级通过选拔考试的中学。

---

[1]本文刊登于 1966 年 9 月 10 日的《莫斯科大学报》。
[2]指数学物理学校。——译者

我们认为,我们的许多毕业生不仅会顺利完成(莫斯科)大学或其他高等学校的学业,而且还会成为一个独立的科研人员。确实,(数学物理)学校暂时还只有一个值得骄傲的优秀的学术研究工作,这就是我们自己的毕业生马提亚沙耶维奇(Матиясевич)做出的,他现在是列宁格勒大学三年级的学生。但是,在数力系①有一个二年级学生大团队,他们都来自这些寄宿学校。他们不仅学习优秀,还积极参加专业学术讨论班。除此以外,其中有一部分作为小老师,已经为抚育了他们的寄宿学校很好地在工作(强负荷)。

毫无失误地确定一个15岁青少年的潜能是不可能的。在寄宿学校,只有在我们认为按照增强计划,对参加学习的课程没有好的效果的情况下,才会将能力较差、成绩较低的学生很谨慎地进行除名。我认为,以下做法是正确的:应该把那些在我们学校两年的学习中效果不好的学生进行除名。被许多人争论过的在15岁到16岁的年龄进行"竞赛式教学"的方法在中学被认为是不能容忍的神经质的方法。

我个人并不赞成类似的方案应用于大学生,因此,在未来,当寄宿学校的教学状况最终稳定之后,其毕业生的命运将会是各种各样的。事实上,其中很多学生都会明智地考入工科大学,也有一部分会考入师范学院。一些人上了好的外省的大

---

① 指莫斯科大学的数力系。——译者

学,这些大学通常有最优秀的学生。这也没有什么不好的。在莫斯科的寄宿学校有一些从瓦龙涅什（Воронежский）地区来的学生没有考上莫斯科大学,而是考上了瓦龙涅什大学,而他们原来在瓦龙涅什上中学的同学考上了莫斯科大学（正好说明在瓦龙涅什,有关对数学有兴趣的中学生的专业选拔和培养工作做得非常好）。我只能安慰家长的是,只有极个别的例外,在七月的竞赛中没有进入莫斯科大学的莫斯科的寄宿学校的毕业生会在八月按照自己的选择进入其他好的大学或工科院校,这些高等院校中的大多数学生如果没有在寄宿学校学习的话是不可能考上的。

当然,相比大学的入学考试,中学老师还是更了解自己的学生。按照我们对整体发展和能力的相应评估,我们的毕业生已经完全可以证明,即使在现代这样残酷竞争、要求提高的情况下,他们达到了大学录取的80%的要求。[1965年,来参加（莫斯科大学）数力系的入学考试的获得奖章的中学毕业生中,30%是莫斯科的,只有6%是来自农村中学的。]

实际上,我们毕业生的成功中有50%～70%是可以测出的。这些50%～70%与80%之间的差别,我认为是由于这些寄宿学校的不足造成的,主要是培养方面。一旦落入那些普通学校体系,在掌握一般的科学概念时快速发展的广泛前景与非标准材料下引人入胜的独立工作交织在一起,一些学生就会发展不均衡并且忽视基础训练。

一些讲课者和年轻教师有时也过多追求将学生引入更多的高深科学领域,而不是去保障基础知识的牢固性。

不过,关于我们已经考入大学的学生的差成绩和工作松懈的情况也是有的,这些在系主任的办公室讨论过的情况,确实也被党委研究过,等等。事实当然不能否认,寄宿学校的教师团队应当对此负责任。

在一些学校,对于数学专业中的类似困难,通常按照常规大纲明确分离出基本教学和补充课程,让有经验的教师来进行基本教学,而补充课程由大学的青年来教授。而在我们学校,我们绝不会采取这种方法,不会分成"中学的"和"学术的",而是逐步地仔细研究出统一的内容丰富的、现代化的数学和物理课程,这个任务是艰巨的,也是无法解决的。但是,我们希望最终能够令人信服地证明,我们的方法是正确的,能够保障生产技能,保障与基础科学的广泛的现代理解结合的知识的清晰化。

(姚芳译)

学校可以解决自己的基本任务[①]

现在可以完全肯定地说，数学物理学校（ФМШ）成功地解决了摆在他们面前的基本任务，帮助那些对数学和物理感兴趣并有志于从事科学前沿工作但在大学城之外长大的年轻人，使他们成为真正的小学者。

很显然，要实现这一最终目标，我们的学生需要进入合适的高等学校，完成这些高等学校的必要要求，从一开始就按照学术的要求而不是一般学生的标准进行培养，要培养他们对高于一般课程的兴趣，并且，高等学校的最后的课程还要包括独立的学术工作。

然而，的确，在 15 岁的孩子之间进行竞赛还不能够完全确定是否能够完成这些方案的学生的最终选拔，所以，我们也能够平和地接受一个事实，在这些毕业生中有大约 30% 最后不是进入莫斯科大学（МГУ）或数学物理工程研究院（МФТИ），而是考入了一些在培养方面对独立学术能力要求

[①] 本文刊登于 1971 年《莫斯科大学报》。

少一些的大学。我们不期望我们所有的考入莫斯科大学的毕业生都考上研究生,完成副博士学位论文的答辩。但是,事实上,很显然现在已经完成指定方案的那些毕业生已经成为真正的学者,所有这些都证实了建立数学物理学校的初衷是正确的。例如,由莫斯科大学培养的取得了一些真正的学术成就的数学家中,数学物理学校的毕业生是其中的很大一部分。对于他们中间的很多学生而言,如果当初他们在中学时代没有进入我们的数学物理学校,很难取得那样的成就。

当然,好的学校应该将自己的每一个学生引向对他而言正确的和最佳的道路。因此,数学物理学校还需要做很多工作,以摆脱那些与早期的竞赛选拔相关联的一些困难。关于让他们在最初的课程中松懈的那些数学物理学校的"自负"的说法已经谈得很多了,我不想在这里多说。事实上,我们面临着另一种危险,这种危险甚至是更强地存在于数学物理学校的内部,就是扼杀主动性和独立性,使之越来越弱。现在由数学家和物理学家组成的我们的教学团队正在致力于确定对这些学生来说基础的和必要的课程。这个课程不应该是庞大的,却应该更具目的性并在同一时期更具现代性。在这一点上,阿·阿·舍尔舍夫斯基(А. А. Шершевс-кого)的怀疑论(见他在"莫斯科大学"本期的发言)似乎认为我没有根据。

我还是希望我们能够创建一个统一的课程,不要没有逻辑且无意义地将其划分为"基础的"(或更准确地说"传统的")和"非基础的"部分。应该清醒地认识到,传统的学校数学的特殊风格只是在一定条件下"逻辑上无懈可击",常常却是偏好模糊定义,本质上看是复杂的,但事实上是简单和原始的(函数概念的传统途径和向量的定义等)。数学物理学校未必能坚守得住,因为最后几年学生是在普通学校学习。

另一方面,数学物理学校的年轻教师应该向有经验的教育者学习正确地应用教学原则,在数力系或者在物理系,完全可以经常召开有关中学的现代教学问题方法方面的研讨会。

(姚芳译)

为什么成立大学附属数学物理学校？[1]

十年前，根据苏联部长会议的法令，莫斯科大学、列宁格勒大学、新西伯利亚大学和基辅大学成立了四个附属数学物理学校，亚美尼亚和格鲁吉亚也有自己的数学物理学校。还有一些新的大学也对开办附属数学物理学校产生了极大的兴趣，于是就产生了有关类似的学校系统扩展计划的问题。

从另一方面看，对于很多人而言，这个创举的合理性引起了争议，同样的怀疑也存在于我们大学的同事中。希望考上我们大学的学生数量本来就很大，我们寄宿学校的优秀毕业生中的很大一部分喜欢物理的学生考入了莫斯科数学物理学院，对于（莫斯科）大学而言就"失去了"他们。

确实，我们数学物理学校的维护者们公正地指出，总体上讲有 90%～95% 的毕业生当年考入了大学［列宁格勒大学，瓦龙涅什（Воронежский）大学，斯维尔德洛夫（Свердловский）大学］或者一些初级工科院校。

---

[1] 本文刊登于 1973 年 11 月 30 日的《莫斯科大学报》。

为了被选上（进入数学物理学校），学生在 15 岁时就要被预先确定考上的可能性，预先确定，比如从某一点上看是否在苏联、在莫斯科大学是独一无二的，也许这样并不公平。

我们在数学物理学校当然会力求改良录取的准备工作，希望在 1973 年降低他们成绩的特殊状况不会在下一年即 1974 年被重复。但是，事实上，一部分我们的毕业生实际上不是对大学的数学系或物理系，而是对高等工科或高等师范院校更适合，我们认为这都是正常的。

目前，在数学物理学校存在了十年之后，我们有了更有力的依据来证明它对于大学而言具有不可替代的价值。我现在要说有关我很了解的数力系[1]的数学分部。1964—1968 年被这里录取的我们的毕业生[2]，现在基本上已经完成了大学学业。他们中的大部分考上了研究生，有一部分已经毕业了。他们在（数学）分部的出现有效地改变了这里大学生的学术研究状况。之前，在莫斯科大学生与外省的住宿舍的大学生学术成就之间有一个大的断层，当然会有偶然的例外，但是，寄宿学校学生的出现使这种情况发生了变化。他们在大学生学术研究中的比重可以从大学生学术研究竞赛汇总中看到，如果不是特指大学生，还包括研究生的工作，那么，更应

---

[1] 指莫斯科大学数学力学系。——译者
[2] 指数学物理学校的毕业生。——译者

该指出，寄宿学校的毕业生在莫斯科大学数学分部的当前年轻人的所有学术成果中占据了完全有分量的部分。

目前暂时只有一个寄宿学校的毕业生[马提亚沙耶维奇（Матиясевич）]完成了科学博士论文答辩。今年在莫斯科大学数学分部有 15 名过去的寄宿学校毕业生完成了研究生学习，其中有 6 人已经答辩了副博士学位论文，其余正在写论文。1974 年在数学分部将有 10 名寄宿学校的毕业生完成研究生学业，他们在论文题目的研究方面已经有了重要的先期工作。

（姚芳译）

莫斯科大学附属数学物理学校的 15 年[①]

1963 年，新西伯利亚大学、莫斯科大学、列宁格勒大学和基辅大学成立了四个寄宿制的数学物理学校。去年，这四个第一批建立的数学物理学校已经满 15 年了。一些著名学者参与建设这些学校的教学系统，在莫斯科有 A. H. 柯尔莫戈洛夫（A. H. Колмогоров）院士、И. К. 柯依诺依（И. К. Киноин）院士，在新西伯利亚有 M. A. 拉乌列切耶夫（M. A. Лаврентьев）院士，在基辅有 B. M. 格茹什克夫（B. M. Грушков）院士，在列宁格勒[②]有苏联科学院通讯院士 Д. К. 法杰耶夫（Д. К. Фадеев）院士。在 15 周年纪念之际，《量子》杂志）编辑邀请莫斯科大学附属数学物理学校督学委员会主席柯尔莫戈洛夫、这所学校的校长 И. Т. 特若平（И. Т. Тропин）以及数学部的负责人 B. B. 瓦维洛夫（B. B. Вавилов）写一写有关这所学校相关的工作。

[①] 本文刊登于《量子》杂志 1979 年第 1 期，原作者是 B. B. Вавилов, A. H. Колмогоров。
[②] 现已更名为圣彼得堡。——译者

科学技术革命从根本上改变了科学在人类社会生活中的角色,科学成为直接生产力,科学的飞速发展要求越来越多的科学人才,因此,将一些有才能的青年人吸引到科学中来就是一个迫切的问题。但是,这些年轻人分散在我们幅员辽阔的国家的不同地区。如果在首府城市,发现他们还不算困难。但是,在一些小城市、乡村和偏远地区发现一些有才能且能够从事独立的学术研究的人才就特别困难。

15 年前,在一些加盟共和国的大学(新西伯利亚、莫斯科、列宁格勒和基辅)成立寄宿的附属数学物理学校就是为了实际解决这个国家面临的最重要的任务。从其中产生真正的研究者的希望广泛地被证实是正确的,其中包括:在 1963 年至 1970 年被莫斯科大学附属数学物理学校录取的学生中,有 200 多名毕业生完成了自己的研究生学习,获得了副博士学位;莫斯科大学附属数学物理学校的毕业生发表了几百篇学术论文,参加了国际学术专业研讨会和综合学术会议,并做了概述性学术报告,有两名毕业生获得了数学物理科学博士学位。在其他的数学物理学校也有类似的情况。

由于最初的这四所寄宿制的数学物理学校所取得的成果,在其他一些加盟共和国(如亚美尼亚、格鲁吉亚、哈萨克斯坦、立陶宛以及俄罗斯联邦的一些自治区)也相继建立了类似的学校。

在莫斯科大学附属数学物理学校的九年级或十年级班中有 360 名学生正在接受教育。每年我们还要接收 150 名学生(在九年级)进行两年的教学,60 名学生(在十年级)进行一年的教学。我们也接收一些居住在俄罗斯联邦中心地区、乌拉尔(на Урале)、帕瓦日(в Поволжье)、北高加索(на Северном Кавказе)和白俄罗斯(в Белоруссии)地区的相当于普通学校十年级的毕业生。学生的选拔基本以数学和物理竞赛考试①的形式进行。由莫斯科大学与地方国民教育机构联合组织,一部分考生会被数学物理学校录取,另一部分考生(大约 75%)在考试后会收到夏令营的邀请,并根据夏令营的学习成绩来录取。

经验证明,我们的毕业生中有 97% 考入高等学校,其中有大约 40% 考入莫斯科大学,大约 20% 考入莫斯科工程物理学院。

莫斯科大学附属数学物理学校的数学和物理课程并不局限于普通学校的教学大纲范围,并且学校本身也没有为大学入学考试而准备的课程。在一些简单的例子和习题中,我们力求将学生引入到运用现代科学思维方式,培养他们不是以形式化的方式理解、学习数学和物理知识,而是以借助学

---

① 准确的期限和其他细节可以去地方国民教育局或相应的加盟共和国的教育部门了解,也可以去学校进行咨询。学校的地址是:12157,Москва,Кременчувская Ул. 29,寄宿学校接待处。

术研究的方式进行学习，独立地工作，即让学生在专题课和小组课中以数学物理实验（实习）的方式进行一些小的学术研究。在数学物理学校，加入学术社团，参加各种类型的学术研讨会、数学和物理方面的比赛和奥林匹克竞赛在产生和发展对科学研究工作的兴趣方面有很大作用。在这十五年里，数学物理学校队在苏联数学奥林匹克竞赛中获得12个一等奖、25个二等奖、23个三等奖。在国际数学奥林匹克竞赛中，我们队获得10个一等奖、6个二等奖和10个三等奖。

在数学物理学校，都是一些年轻的学者（有的非常年轻）在教授数学和物理，他们已经在主持一些相应的学术工作。莫斯科大学最优秀的大学生和研究生作为年轻的教师为这些学生授课。

在数学物理学校学习并不轻松，除了有能力，还要很顽强，要有工作组织能力以及健康的身体。在数学物理学校，学生并不认为自己是有特殊才能的儿童，对他们不应该有常规的要求。考上数学物理学校只意味着可以按照自己的愿望认真地学习数学和物理。成为数学物理学校中的一员，你将会身处那些与你一样被数学和物理所吸引的人中。

在这十五年里，数学物理学校建立了自己的传统。学校中形成了浓厚的学术氛围，学生习惯于克服困难，学术研究与文学、音乐、体育紧密结合（例如，有学生队与老师队之间进行的传统的足球比赛、排球比赛和篮球比赛,有有趣的徒步行军)。

并不是所有的学校毕业生都会在数学和物理领域从事学术研究工作。如果有学生在某些生产领域成为好的工程师,我们也同样会感到骄傲。还有人选择了生物或语言作为了自己的专业。但是,我们希望所有数学物理学校的毕业生,总会带着满意的回忆想起这所学校的创造性工作氛围和广泛的文化兴趣。

当然,为了更好地完成自己的必要使命,莫斯科大学附属数学物理学校还需要加倍努力。也借由这次机会,我们衷心地祝贺基辅、列宁格勒、新西伯利亚的寄宿制学校和我们的数学物理学校的全体学校工作人员建校 15 周年纪念,祝愿大家取得更大的成就!

(姚芳译)

给中学生的通俗数学讲座

函数是什么[①]

"函数是什么?"中学生会说:"函数可以用数表、图像或者公式给出。"显然这不是定义,但是,它能够避开明确的定义形式并且能够转向描述函数是怎么给出的,不能说完全不对。数学不能从定义开始,去定义一些概念,我们就不可避免地要在这些定义中应用一些其他概念。当我们不理解一些概念的含义时,我们就不能向前进一步,不能表述出任何一个定义。因此,任何一个数学理论的叙述要从一些不用定义的基础概念开始,用这些基础概念就已经有可能去表述深入一步的任意概念。

人们如何互相解释自己对基础概念的理解呢?对于这一点没有其他方法,只有在例子中借助于对确定事物的典型性质的详细描述来阐明。这些描述可以在细节上不完全清楚并且可以不彻底,但是具有足够清晰度的概念的内涵就可

[①] 本文发表于俄罗斯的《量子》杂志1970年第1期。23年之后,《量子》杂志又在1993年第5期重新刊登了本文。由于篇幅所限,译文中删去了原俄文中的两个例子,中译文刊于《数学教学》2001年第3期。

以渐渐从它们中显示出来。这样,让我们来走近函数,把它看成是一个不应该形式化定义的数学基础概念之一。

的确,接下来就会说,函数不是别的,而是从一个集合到另一个集合(从定义域集合到函数值集合)的映射。但是,此处映射一词不过是函数一词的同义词,这是同一个概念的两种名称,用另一个意义相同的词去解释一个词这种方式不能代替表述这一概念的定义。

例 1 我们约定,字母 x 和 y 代表实数,用符号 $\sqrt{\ }$ 表示开算术平方根的符号,等式

$$y = \sqrt{1-x^2} \tag{1}$$

意味着满足条件:

$$x^2 \leqslant 1, y \geqslant 0, x^2 + y^2 = 1 \tag{2}$$

满足这些条件的坐标点形成半圆。同样,也给出了下列直观的且可以用纯代数的方法证明的事实:

式(1)使对满足下列条件任意的 x:

$$-1 \leqslant x \leqslant 1 \tag{3}$$

计算满足下列不等式的相应的 y 的值:

$$0 \leqslant y \leqslant 1 \tag{4}$$

满足式(4)的每一个 y,都有至少一个满足式(1)的 x 与给定的 y 相对应。

可以说,式(1)给出了一个从满足不等式(3)的数 x 的集合到适合不等式(4)的数集上的映射。数学家经常(特别是最近一些年)应用箭头来表示映射。上面的映射用箭头可表示为

$$x \to \sqrt{1-x^2} \qquad (5)$$

请注意:如果满足以下两点,一个映射可以完全确定:

(1)给定能被对应的集合 E。

(2)对于这个集合 E 中的每个元素 x,都给出了一个与元素 x 相对应的元素 y。用字母 M 来表示所有 y 的值的集合。在例 1 中,E 就是满足条件(3)的集合,而 M 是满足条件(4)的数集。

例 2 法则:

(1) $x \to \sqrt{x^2}$

(2) $x \to \begin{cases} x, & x \geq 0 \\ -x, & x < 0 \end{cases}$

确定了同一个映射:

$$x \to |x| \qquad (6)$$

这是从实数 x 到其模(绝对值)上的映射。映射(6)将所有的实数集 $\mathbf{R} = (-\infty, +\infty)$,映射到了非负实数集 $\mathbf{R}^+ = [0, +\infty)$ 上。

可以将映射一词用函数替换,并且可以将映射(5)记为

$$f(x)=\sqrt{1-x^2} \qquad (7)$$

而映射(6)记为

$$f(x)=|x| \qquad (8)$$

函数(8)的定义域是实数集 **R**,值域是非负实数集 **R**$^+$。

例 3   别佳、果列、萨沙、瓦洛佳住在同一个宿舍中,在二月份他们制订了一个值日表:

	1	2	3	4	5	6	7	8	9	10	11	12	13	…	28
别佳	■				■							■			
果列		■				■		■							
萨沙				■							■				
瓦洛佳				■			■			■					■

这张表格与我们在中学代数课程中已经习惯的函数的图像有相似之处。那么这种相似之处是否具有确定的逻辑含义?孩子们在这张表格中是否建立了一个集合到另一个集合的映射,即确定了某一个函数?是否画出了这个函数的图像?这些问题我们将在后面讲到。

函数的一般概念

不难看出,在例 3 中,2 月份的 28 天中每一天都有一个确定的值日生。换句话说,二月份的天数集合对应到了彼此之间分配了值日的同学们的集合。可以约定,字母 y 表示在

第 x 天的值日生,这样就形成了映射:(日期)$x \to y$(第 x 天的值日生),按规定叫作函数,可以将此映射记作 $y = f(x)$。

任何一个集合 E 到集合 M 上的映射 f,我们把它叫作定义域为 E、值域为 M 的函数。

注意,说集合 E 到集合 M 上的映射 f,我们指的是 $y = f(x)$ 对于 E 中任意的 x 且只对 E 中的 x 是确定的,而函数 f 的 y 的值一定属于集合 M,且集合 M 中的每一个 y 都是函数 f 的值,而且只属于一个自变量 x 的值。

如果只知道函数 f 的值一定属于集合 M,但不能确定这个集合中的任意元素是函数 f 的值,那么可以说,函数 f 将自己的定义域 E 对应到了集合 M 上或者映射 f 是集合 E 到集合 M 中的映射(图1)。

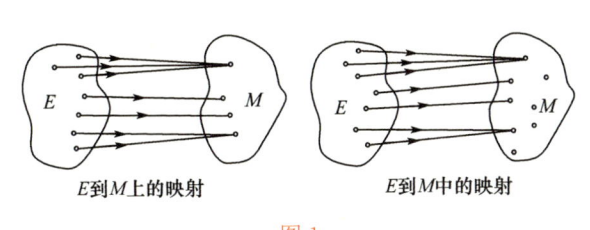

E到M上的映射　　　　E到M中的映射

图 1

因此,应该严格区分下列句子的含义:"集合 M 上的映射"和"集合 M 中的映射"①。例如,可以说映射 $x \to |x|$ 是 **R**

---

① 集合 M 上的映射可以说成是集合 M 中的映射,但反之不行。

到 R 中的映射,但不能说它是从 R 到 R 上的映射。

从纯逻辑的观点看,当函数的定义域是有限集的时候是一种比较简单的情况。显然,定义域中有 n 个元素的函数不能形成多于 n 个不同的值。因此,定义在有限集合上的函数能够实现从有限集到有限集上的映射。那样的映射是数学的重要部分——组合分析所研究的对象之一。

例 4 让我们来研究以下函数,定义域是由两个字母组成的集合 $M=\{A,B\}$,值域也是同一个集合,即从集合 M 到自身的映射。

那样的函数总共只有 4 个,可以列表写出它们:

x	$f_1(x)$	$f_2(x)$	$f_3(x)$	$f_4(x)$
A	A	B	A	B
B	A	B	B	A

函数 f_1 和函数 f_2 是常函数,即不变的。这两个函数的值域是由唯一的元素组成的。函数 f_3 和 f_4 将集合 M 对应到自身上。函数 f_3 可以用式子 $f_3(x)=x$ 表示。这是一个恒等映射,集合 M 上每一个元素都对应着自身。

为了结束阐述"函数"概念本身的含义,要注意选择哪个字母用来表示自变量(定义域中的任意一个元素)和因变量(值域中的任意一个元素)这一点并不是本质所在。

记号 $x \xrightarrow{f} \sqrt{x}, \xi \xrightarrow{f} \sqrt{\xi}, y \xrightarrow{f} \sqrt{y}, f(x)=y=\sqrt{x}, f(\xi)=\eta=\sqrt{\xi}, f(y)=x=\sqrt{y}$ 确定的都是同一个函数 f：把非负数映射到它的算数平方根中。利用以上的任意一个记法，我们都可以得到 $f(1)=1, f(4)=2, f(9)=3$ 等。

可逆函数

函数 $y=f(x)$ 叫作可逆函数①，如果它把自己的每一个值都运用唯一的一次②。

例如，例 4 中的函数 f_3 和 f_4 是可逆的。例 4 中的 f_1 和 f_2，例 1、例 2、例 3 中的函数都不是可逆的。

为了证明某一个函数不是可逆的，只要指出存在某两个自变量的值 $x_1 \neq x_2$，但是 $f(x_1)=f(x_2)$ 就足够了。

例 3 中，显然，2 月 1 日和 5 日都是别佳值日。因此，例 3 中的函数不可逆。

例 5 函数 $x \xrightarrow{f} y=-\sqrt{x}$ 是可逆的。它定义在一个非负实数集 $\mathbf{R}^+$ 上，它的值域是所有非正实数集 $\mathbf{R}^- = (-\infty, 0]$，可以按照公式 $x=y^2$ 求出相应的 x。

---

① 名称的来源可以解释为：如果函数存在相反的函数，则函数是可逆的。
② 在俄语中，反函数是"обратная функция"，此处是"обратимая функция"，译者处理为"可逆函数"。下文凡是"обратимая"都译为"可逆的"，"обратная"则译为"反的"。——译者

当 $y \leqslant 0$ 时，函数 $y \xrightarrow{g} x = y^2$ 是函数 f 的反函数。它把集合 $\mathbf{R}^-$ 对应到集合 $\mathbf{R}^+$ 上。上面已提到，选择哪个字母表示自变量和因变量无关紧要。

函数 f 和 g 可以写成：

$f(x) = -\sqrt{x}$，当 $x \geqslant 0$ 时；

$g(x) = x^2$，当 $x \leqslant 0$ 时。

图 2 是互为反函数的 f 和 g 的图像。

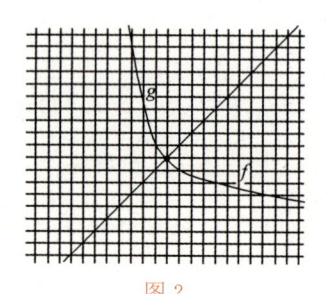

图 2

下面给出确切定义：设 f 是集合 E 到集合 M 上的映射，如果对任意的 M 中的元素 y 存在着集合 E 中的唯一一个元素 $x = g(y)$，对它有 $f(x) = y$，则映射 f 是可逆映射，而且，$y \xrightarrow{g} x$ 叫作映射 f 的可逆映射。

因此，映射 f 的可逆性就意味着它有可逆映射 g，f 的可

逆映射用 f^{-1} 表示。例如 $f(x)=x^3$，则 $f^{-1}(x)=\sqrt[3]{x}$。

因为"函数"一词只不过是"映射"的同义词，所以我们同样确定了"反函数"的含义。

显然，反函数 f^{-1} 的定义域是函数 f 的值域，而 f^{-1} 的值域是函数 f 的定义域。

原函数 f 是反函数 f^{-1} 的反函数：$(f^{-1})^{-1}=f$。因此，函数 f 与 f^{-1} 永远是互逆的。

再一次提醒大家，集合 A 到集合 B 中的映射是这几个概念中最一般的概念。如果点集 A 与点集 B 完全一样，就可以说是 A 到 B 上的映射。

可逆映射又可以称为一一映射，这一术语我们常常会在书中看到。但是不能说"一一函数"。因为虽然一般认为"函数"一词和"映射"一词是同义词，但在这一问题上，对"一一映射"一般应用"反函数"或"逆映射"更好一些。

最近一些年，在我们文献中又出现了几个法语[①]的术语：

（Ⅰ）集合 A 到集合 B 上的映射叫作"满射的"或"满射"。

[①] 作者是指源自法语的术语。在俄语中，这几个词是法语的音译。——译者

（Ⅱ）集合 A 到集合 B 中的一一映射又称为"单射的"或"单射"。

（Ⅲ）集合 A 到集合 B 上的一一映射又称为"双射的"或"双射"。

值得一提的是，相对于应用介词"……上"和"……中"，大多术语是多余的。

几点说明

在中学我们已经习惯于只和数值函数打交道，它们的定义域和值域都是数集，"数值变量的数值函数"的意义并不是确定的。因为数的概念在中学是概括化的。我们现在来看一下所有的实数系统，这是中学生在十年级要学习的。实数变量的实函数主要是在中学高年级学习，它们的图像可以在数值平面上绘出。

在中学课本上有"数值平面"——就是在它上面可以引进一定坐标的平面。如果只是从字面意义去理解教科书，那么数值平面会有很多。在教室的黑板上引入数轴，教师在黑板面上旋转数值平面，学生在自己的练习本上可以画出更新的数值平面，有时在一页上可以画出几个。

在中学代数课上，经常涉及由公式解析地给出的函数。如果没有别的条件，那些函数的定义域就是使预先给定的关于数值运算的公式有意义的所有自变量的集合。我们举一个例子,就像在中学中一样,用符号 $\sqrt{}$ 来表示算术平方根。显然,公式

$$y = f(x) = (\sqrt{x})^2 \qquad (9)$$

按照 x 的值计算相应的 y 值,但是 x 是非负的(否则平方根就"不能开出")。对于非负的 x

$$y = f(x) = x \qquad (10)$$

式(10)比式(9)简单些。因此希望它作为确定我们函数的公式。但是公式(10)确定的函数的定义域不是一些非负的 x,而是所有的数 x。如果我们想给出同一个函数的由公式(9)确定的新的定义,应该写为

$$y = f(x) = \begin{cases} x, & x \geqslant 0 \\ 不定义, & x < 0 \end{cases} \qquad (11)$$

同样地,函数 $g(x) = \dfrac{x^3 - 1}{x - 1}$ 可以写为

$$g(x) = \begin{cases} x^2 + x + 1, & x \neq 1 \\ 不定义, & x = 1 \end{cases} \qquad (12)$$

在中学和高等学校,对于这个问题的要求要很准确。

函数的图像

我们来看一看下面的值日表:

	星期一	星期二	星期三	星期四	星期五	星期六	星期日
别佳	☐				☐		
果列		☐				☐	
萨沙			☐				☐
瓦洛佳				☐			

我们已经知道了,这是一个函数的图像:值日生的名字是一周中天数的函数。因为一周有 7 天,而人数有 4 人,所以我们画 7×4＝28 个方格,但是,只标出了这些方格中的 7 个。如果这些学生决定按另一种顺序排列自己的名字,那么就会得到下表:

	星期一	星期二	星期三	星期四	星期五	星期六	星期日
瓦洛佳				☐			
果列		☐				☐	
别佳	☐				☐		
萨沙			☐				☐

它看上去是另一个表格,但还是同一个值日表——同一个函数。在两个表中有 28 种相应的可能的对:(一周的天数,一个学生)。将这 28 对分成 7 类:

(星期一,别佳);(星期二,果列)

(星期三,萨沙);(星期四,瓦洛佳)

（星期五,别佳）;（星期六,果列）

（星期日,萨沙）

即所有的对中都是一周中的某一天和这一天的值日生：

（一周中的某一天,这一天的值日生）

或者是一个抽象对：$(x, f(x))$。

有了这个例子，我们就可以定义函数的图像，满足：

（Ⅰ）数对(x, y)的第一个元素属于函数的定义域。

（Ⅱ）对于数对中的第二个元素有 $y = f(x)$，所有数对 (x, y) 的集合叫作函数的图像。

上面例子的图像为

$F_f = \{$（星期一,别佳）,（星期二,果列）,（星期三,萨沙）,（星期四,瓦洛佳）,（星期五,别佳）,（星期六,果列）,（星期日,萨沙）$\}$

对于例4中以表格给定的函数，按照已知的定义，我们得到图像：

$$F_1 = \{(A, A), (B, A)\}$$
$$F_2 = \{(A, B), (B, B)\}$$
$$F_3 = \{(A, A), (B, B)\}$$

$$F_4 = \{(A,B),(B,A)\}$$

显然,对于具有有限定义域的函数,图像的元素数(图像上数对的个数)等于函数定义域中的元素个数。对于具有无穷定义域的函数,所有的数对$(x,f(x))$是写不出的,就必须借助其性质描述这些数对。例如,对于函数 $y=f(x)=\sqrt{1-x^2}$,图像由所有可能的以下形式的数对组成:$(x,\sqrt{1-x^2})$,即所有的数对(x,y)满足以下条件:

$$x^2+y^2=1, 且\ y\geqslant 0$$

这个函数图像的定义可以写成以下形式:

$$F_f=\{(x,y)\,|\,x^2+y^2=1, y\geqslant 0\}$$

一般地,函数 f 的图像的定义可以写成下列形式:

$$F_f=\{(x,y)\,|\,y=f(x)\}$$

用由函数的自变量及与这个自变量相对应的函数值组成的数对的集合来定义了函数的图像后,我们就把图像的概念从所有随机情况中解放出来。在这种抽象的理解中,每一个函数都有唯一的一个图像。

(姚芳译)

二元或多元变量函数和它们的图像之间的关系

二元变量函数

两个不同形式的表达式 $3x-6$ 和 $3(x-2)$ 是完全相等的。它们被写成一个同样的函数 f:

$$x \to f(x) = 3x-6 = 3(x-2)$$

类似的表达式

$$(x+y)(x-y) \qquad (1)$$

$$x^2 - y^2 \qquad (2)$$

它们也是完全相等的。

这就是说,运算法则

$$z = (x+y)(x-y), \quad z = x^2 - y^2$$

对数对 (x,y) 进行计算,等于第三个数 $z: z = x^2 - y^2$。无论任

---

[1] 本文译自:柯尔莫戈洛夫. 数学——科学和职业 // 量子(64期). 莫斯科:科学出版社,1988:93-98. (А. Н. Колмогоров. Математика——Наука и профессия // Библиотека Квант Выпускник 64. Москва:Нвука,1988:93-98.)

何数对，使用这个运算法则都会得到这个结果。

根据一般的函数的定义，我们发现，表达式(1)、(2)可以写成由数对对应的函数 f：

$$(x,y) \to (x+y)(x-y) = x^2 - y^2$$

我们的函数 $z = f(x,y) = x^2 - y^2$ 是由任何数对 (x,y) 定义的，那么它所在的区域为实数平面 **R**²。

作业　求证：这个函数值的集合是整个数轴。

一般的函数概念在近代数学已经成为大家普遍公认的。在我们的这个世纪初还不是每个数学家都理解由数对 (x,y) 对应的函数的表达式。取而代之的是二元变量函数。但是除了我们熟悉的一般的由两个变量 x,y 对应得到的函数观点，还另有规定，函数定义的区域为由无数个满足函数的有序实数对 (x,y) 对应的点构成的集合，即实数平面区域。

为什么在这要谈多个实数平面区域集合呢？因为不能总是由一切数对 (x,y) 来定义二元变量函数。例如，表达式 $\sqrt{xy(1-x^2-y^2)}$ 只有根号下的式子是非负实数时有意义。函数 $f(x,y) = \sqrt{xy(1-x^2-y^2)}$ 所定义的区域如图 1 所示。当然，在第二和第四象限没有描绘出来的部分是一直延伸到无穷大的。

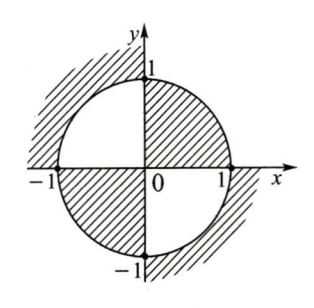

图 1

多元变量函数

在数学和数学的应用中你们经常遇到函数里的一些变量。例如,公式

$$m = \pi r^2 h \mu$$

按照气缸的半径 r、高度 h 和材料的密度 μ 来计算气缸的质量 m。气缸的质量 m 是三个变量 r、h 和 μ 的函数。公式

$$r = \sqrt{x^2 + y^2 + z^2}$$

表示空间坐标系的原点到三维坐标系内的点 (x, y, z) 的距离。

思考表达式

$$f(x, y, z) = x^2 + y^2 - z \qquad (3)$$

它的数值取决于我们按照顺序代入自变量 x, y, z 的数值:

$$f(1,2,3) = 2, \quad f(2,3,1) = 12, \quad f(3,1,2) = 8$$

等式(3)可以看作有序的三个数组成的数对(x,y,z)对应的函数解析式。

因此另外也规定,含有三个变量的函数,可以看作有序的三个数组成的数对。这个函数对应的区域是无数个满足这个函数的有序的三个数组成的实数对(x,y,z)在对应的点构成的集合 $\mathbf{R}^3$。在这种情况下,函数(3)与其对应的区域 $\mathbf{R}^3$ 是全部一致的。

怎样的有序三个数组成的数对被称为 $\mathbf{R}^3$?你们知道,每个三数对(x,y,z)都可以找到坐标 x,y,z 在空间里对应的点。这个点也有唯一对应的坐标。也就是说,有序三数对和点(在选定的坐标系)之间一一对应。因此自然地,我们就称为类似实平面的有序实数集 $\mathbf{R}^3$,也称实数空间集 $\mathbf{R}^3$。

但含有四个变量的函数又会怎么样?毫不夸张地,立刻就能推广到 n 维实数空间集 $\mathbf{R}^n$ ($n=1,2,3,\cdots$),由 n 个实数构成的有序数列集为

$$(x_1, x_2, \cdots, x_n)$$

或者也称为有序的 n 个确定实数。

含有 n 个实数变量的函数记为函数 $f(x_1, x_2, \cdots, x_n)$,它对应的区域是 n 维实数空间集 $\mathbf{R}^n$。

当然,两个变量的实数空间是实数平面。我们稍稍扩展

一点,三个变量的实数空间简单地称为实数空间。

含有实数变量的实函数 $y=f(x_1,x_2,\cdots,x_n)$ 是 n 维实数空间集 $\mathbf{R}^n$ 到其子集实轴 $\mathbf{R}$ 的映射。

两个变量之间的关系,它们的图像

方程
$$y=x^2 \tag{4}$$
是由 x 定义的这样的函数,这个函数的图像是满足方程(4)的实数平面的所有点 (x,y)。而方程
$$x^2+y^2=1 \tag{5}$$
是什么情况呢?满足方程(5)的点集是圆(图2)。在这里每个 $x(|x|\leqslant 1)$ 的值都对应两个 y 的值:$y=\pm\sqrt{1-x^2}$。

方程(5)不能作为 x 的函数。这个等式不能定义为从 x 对应到 y 的函数关系:如果 $|y|\leqslant 1$,那么它对应 x 的两个值:$x=\pm\sqrt{1-y^2}$。但是图2的圆是依据等式(5)得到的图形。不等式也可以设置两个变量之间的对应关系,例如,不等式
$$x+y>1 \tag{6}$$
这个对应关系的图形是直线 $y=-x+1$ 的右上方的半平面(图3)。下面研究更复杂的对应关系的例子:$\{x+y\}\leqslant\dfrac{1}{2}$,这里的括号 $\{\}$ 表示在它里面的数字的分数部分。

图 2

图 3

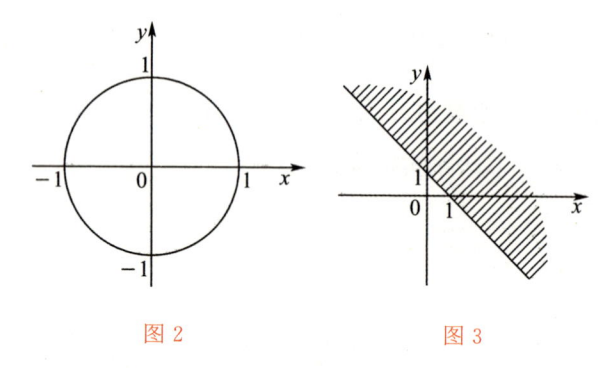

这个对应关系的图形由图 4 描绘,它由无限多的条状区域组成。带有参数码 k(k 是整数)的条状区域由左下方的直线 $x+y=k$ 和右上方的直线 $x+y=k+\dfrac{1}{2}$ 来限定。

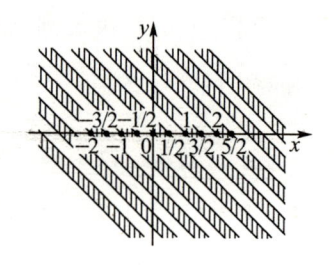

图 4

含有两个未知数的方程或不等式的图形被称为这个方程和不等式的无数多个不同的解。

请注意,核对图形的概念和无数多个解得到我们对实数平面表面的理解。要知道我们现在的图形中的点还仅仅是实数对 (x,y)(总是按这样的顺序),这是令人满意的方程!

方程和不等式系统

在方程和不等式系统中找到了普遍的解决方法:系统的解集是属于等式和不等式系统的相交的解集。

例 1 两个方程系统
$$x^2 - y^2 = 0, \quad x^2 + y^2 = (\sqrt{2})^2$$
的解是四个点(图 5):$(1,1),(1,-1),(-1,1),(-1,-1)$。

例 2 三个不等式系统
$$x \geqslant 0, y \geqslant 0, x+y \leqslant 1$$
的解集是三角形(图 6)。

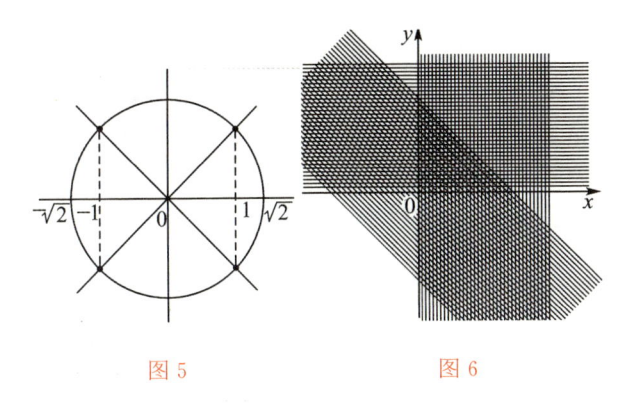

图 5

图 6

设有两个方程 $a(x,y)=0, b(x,y)=0$。用 A 和 B 表示它们的解集。

像这样的方程组的解集 $A \cap B$ 是 A 和 B 的交集,即一个方程组的解。那么两个方程系统的等式呢？回答这个很简单：

$$a^2(x,y)+b^2(x,y)=0$$

例 3 $\{x\}^2+\{y\}^2=0$ 对应的图形是坐标系里的整数点 (x,y)（图 7）。

除了集合的交集运算，你们还可以认识并集运算：$A\cup B$。设方程 $a(x,y)=0, b(x,y)=0$ 是解集为 A、B 的方程，解集为 $A\cup B$ 的方程是什么呢？

回答这个问题很简单：

$$a(x,y)\cdot b(x,y)=0$$

例 4 $\{x\}\{y\}=0$ 对应画出的图像如图 8 所示。

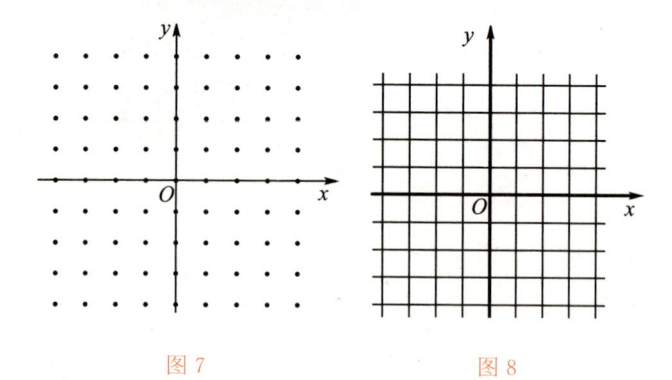

图 7

图 8

二元变量函数的图像和三元变量函数对应的图像

按照函数
$$z = f(x, y) \qquad (7)$$
的一般定义,由满足方程(7)的那些数对$((x, y), z)$组成函数图像。

这些数对的第一个元素本身就是一个数对,它自然就与三个数的数对(x, y, z)相对应。因此二元变量的实函数图像是三维空间集合 $\mathbf{R}^3$。

例 5 在图 9 中绘制的是方程 $f(x) = x^2 + y^2$ 的曲线。方程 $c = 0$ 的曲线是一个点方程。$c < 0$ 的曲线是空的集合。

方程(7)是三元变量方程的个别情况。任何三元变量方程都在左边部分定义所有的量,可以写成这样的形式:
$$F(x, y, z) = 0 \qquad (8)$$

用常数 C 代换变量 z,得到二元变量函数:$F(x, y, C) = f_C(x, y) = 0$。它的图像在平面$(x, y)$上。这些图像的(变量 z 的水平线)集合给出了方程(8)对应的图形表示。三元变量对应的图形表示方法被称为网状算图(сетчатой номограммой)。

图 9

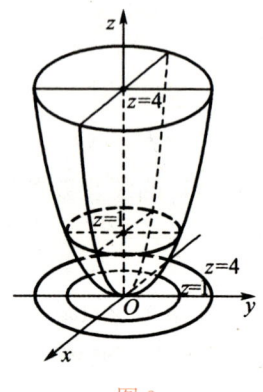

练习

1. 找到下面这些函数变量的平面区域：

a. $f(x,y) = \sqrt{1-x^2} + \sqrt{1-y^2}$；

b. $f(x,y) = \sqrt{(x^2-y^2)(y-x^2)}$。

这些区域图形是定义在实平面上的。

2. 找到下面这些函数值集合：

a. $f(x,y,z) = \sqrt{1-x^2} + \sqrt{1-y^2} + \sqrt{1-z^2}$；

b. $g(x,y) = \dfrac{|x|}{y}$；

c. $f(x,y) = \dfrac{\{x\}}{\{y\}}$。

3. 画出方程和不等式的图像：

a. $\{x\}=\{y\}$；

b. $[x]=[y]$；

c. $\{x\}^2+\{y\}^2=1$；

d. $\{x\}^2+\{y\}^2\leqslant 1$；

e. $|x|+|y|=1$；

f. $|x|-|y|=1$；

g. $x+|y|=1$；

h. $x-|y|=1$。

4. 画出下列方程和不等式组的图像，求代数组的解并进行代数解与图像的比较：

a. $\begin{cases}(x-3)^2+(y-3)^2=0 \\ x^2+y^2=5\end{cases}$；

b. $\begin{cases}x^2+y^2\leqslant 2 \\ (x-2)^2+(y-2)^2\leqslant 2\end{cases}$；

c. $\begin{cases}x^2-y^2=0 \\ xy-2x-3y+6=0\end{cases}$；

d. $\begin{cases} x^2+y^2 \leqslant 2 \\ x \leqslant y \leqslant x^2 \end{cases}$。

5. 在哪些条件下，
$$x^2+y^2=1, 2y-x \geqslant a$$

a. 定义 y 作为 x 的函数？

b. 定义 x 作为 y 的函数？

6. 构造 4 次多项式 $P(x,y)$，由图中平面区域的阴影部分表出，如图 10 所示。（提示：从表示直线和圆的方程开始，按照规定的方法选择表示直线和圆。）

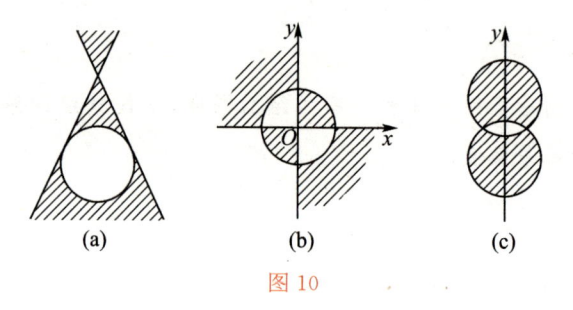

(a) (b) (c)

图 10

（刘岩瑜译，姚芳校编）

半对数与对数网格[①]

1972 年 12 月号的《量子》杂志上刊发了文章《指数》[②]。其中展示了许多随时间而变化的量,其变化速率正比于这个量已经达到的值。y 对 t 的这种指数式依赖关系的一般形式可写为

$$y = y_0 a^t \tag{1}$$

其中,y_0 是 y 在 $t=0$ 时刻取到的值。在式(1)中置

$$k = \lg a, \quad z = \lg y, \quad b = \lg y_0$$

则得 $z = kt + b$。

我们看到 z 对 t 的依赖关系是线性的。它的图像是直线。按通常的方式作图,我们可以在 z 轴(或与之平行的直线上)做与 $y = 10^z$ 的值对应的标记。然后按照我们的直线图像,就可以对任意时刻 t 直接读出 y 的值。在图 1 中将这种作图方法应用于函数 $y = 100^t$ 与 $y = e^t (e = 2.718\cdots)$。它们

[①] 本文原载《量子》杂志 1973 年 3 月号。
[②] S. D. 奥夏京斯基, L. Z. 鲁姆希斯基. 指数 // 量子. 1972, 12: 19-25. ——译者

在笛卡儿坐标系下的图像画成图 2。

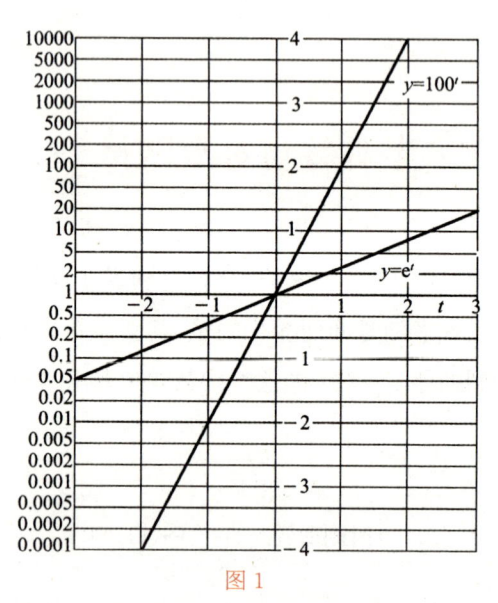

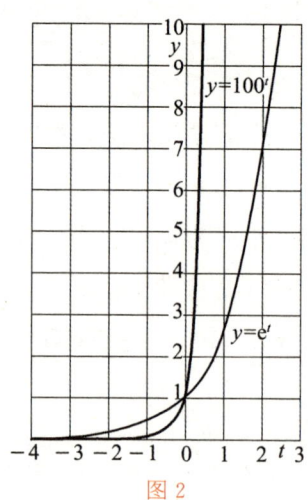

图 1

图 2

商店里有半对数坐标纸出售①。在这种坐标纸上,竖直线就如普通坐标纸一般,按照 1 毫米的间隔均匀分布,水平线按照到下边缘的距离为 $100\lg y$ 的规律分布,其中 y 取如下的值(请对照图 3 确认标度方式):

$$1 \quad 1.05 \quad 1.10 \quad 1.15 \cdots$$

$$2 \quad 2.1 \quad 2.2 \quad 2.3 \cdots$$

图 3 的下半部分显示了如何在半对数坐标纸上根据两点 $(t=0, y=y_0)$, $(t=1, y=y_0 a)$ 做出形如式(1)的函数图像。

在半对数坐标纸上增量 $\Delta t=1$ 对应于 10 cm。这正是我们在图 3 为 y 轴选取的标度。因此我们图像的斜率等于 $k=\lg a$。这无非是变量 y 对于变量 t 的相对变化率:

$$\frac{1}{y}\lim_{\Delta t \to 0}\frac{\Delta y}{\Delta t}=\frac{y'}{y}=\lg a=k$$

[此处 y' 表示函数 $y=f(t)=y_0 a^t$ 的导数。]如果 y 轴上选取了另外的标度,那么就需要换算,读者容易自行处理。

当需要弄清楚某个用数值表格给出的依赖关系 $y=f(t)$——尽管计算是近似的——是否遵从指数式增长(或衰减)法则时,就可以在半对数坐标纸上作图。我们举苏联工

---

① 如今在普通文具店里恐怕很难买到了,实验器材店也未必有。好奇的同学可以网上购买。——译者

图 3

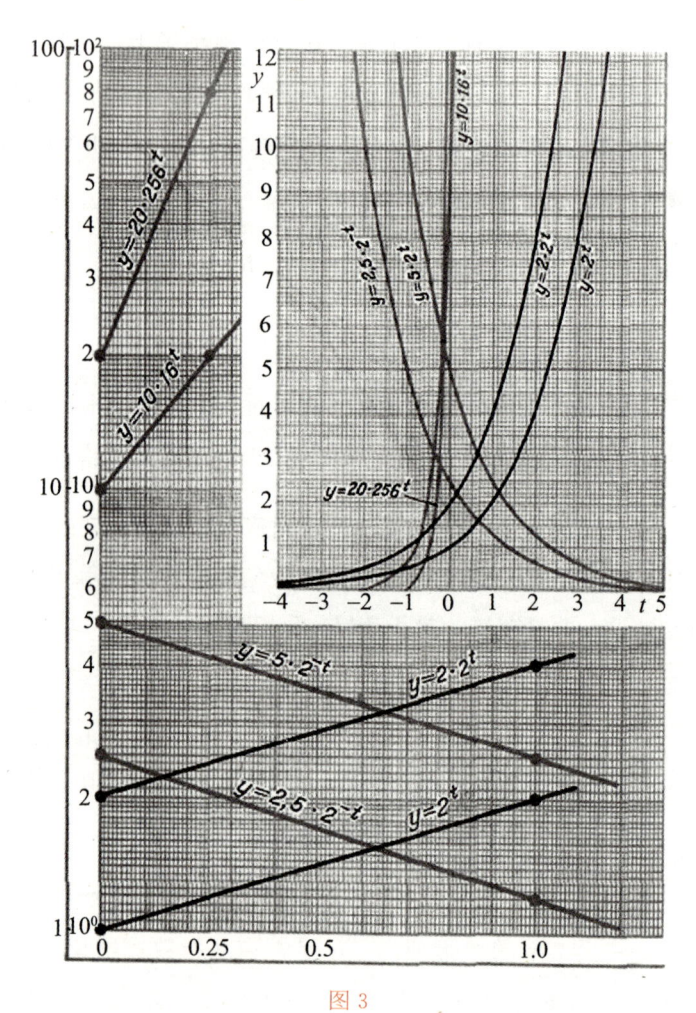

业品生产量为例,用占 1940 年苏联工业品年产量的百分比表示出来:

1937	1940	1945	1950	1955	1960	1965	1970
77	100	92	173	320	524	791	1190

图 4 中给出了一个半对数图像(读者不妨自行做一个纵轴,采用自然标度的图像以资对照)。由图像可知,除去战争的五年即 1940—1945 年,工业产品的增长近似服从指数律。请自行研究一下,图像的平均斜率对应于多少年增长百分比。由图 4 可知,1945—1955 年增长速率比 1960—1970 年稍高。有趣的是,如果从考虑范围中除掉对应于 1945 年与 1950 年的点,那么我们就几乎得到一条直线:在 1945—1955 年

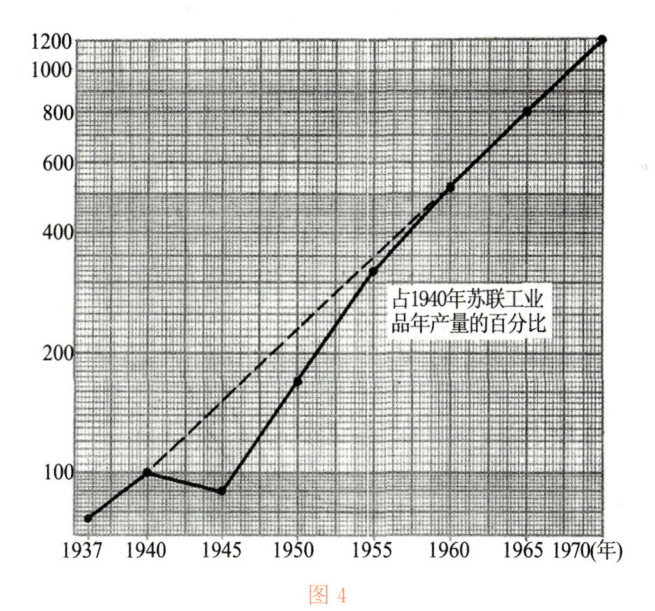

图 4

这段时间,我们的工业在弥补战争时期造成的损失。请读者确定 1937—1970 年工业品的平均年增长(用每年的百分比表示)。

显然,如果在横轴上以 $s=\lg t$ 标注尺度,而纵轴仍用 y 的标度,形如

$$y = A\lg t + B$$

的依赖关系也可以用直线图像表示出来,兹举一例。对于 vb 湍流,图 5 画出了速率 u 对于到墙壁的距离 y 的依赖关系。其中 δ 与 u_τ 已经分别选取了长度与速率的恰当尺度。y/δ 的测量结果在 10~56 000 内变动。因此为了描绘测量结果,我们需要 3 个不同标度 x 轴上的 3 个图像。转用 y/δ 的对数标度之后,全部数据都可以吻合在一幅图像上(图 6)。此时图像被"拉直"了。

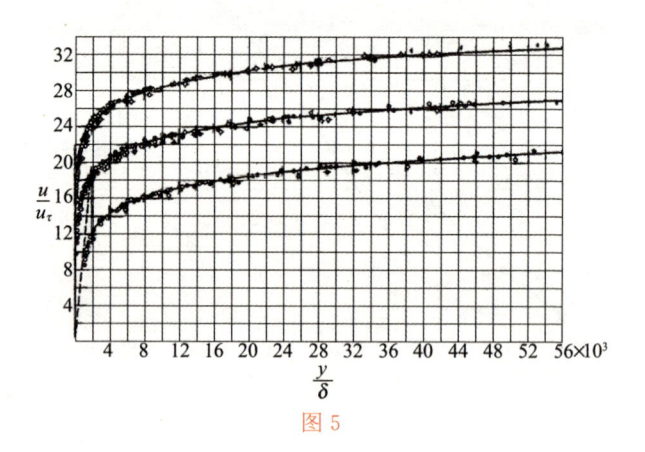

图 5

图 6 的直线由方程

$$\frac{u}{u_\tau} = 5.5 + 5.75 \lg y/\delta \tag{2}$$

给出。我们看到，这条法则从 $y/\delta = 100$ 开始就与观测十分吻合。

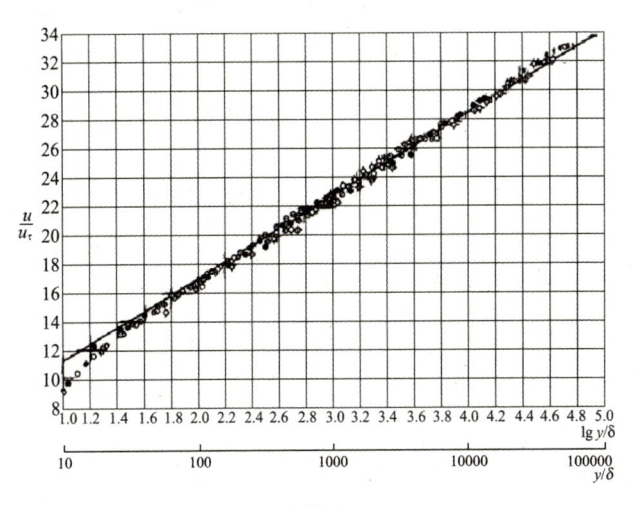

图 6

对于比较小的 y/δ 有显著的系统偏差，并且当 $y/\delta < 15$ 时偏差如此之大以至于不得不承认关系式(2)此时彻底失效。

形如

$$y = ct^a \tag{3}$$

的依赖关系也可以通过变量替换

$$s = \lg t, \quad z = \lg y$$

而"拉直"。

事实上,由式(3)有

$$z = \alpha s + b, \tag{4}$$

其中,$b = \lg c$。为了用直线图像表示出依赖关系(3),就要用到对数网格。对数坐标纸也在商店有售。图 7 给出了对数坐标纸上图像的几个例子。容易明白,这里图像的斜率等于 α。

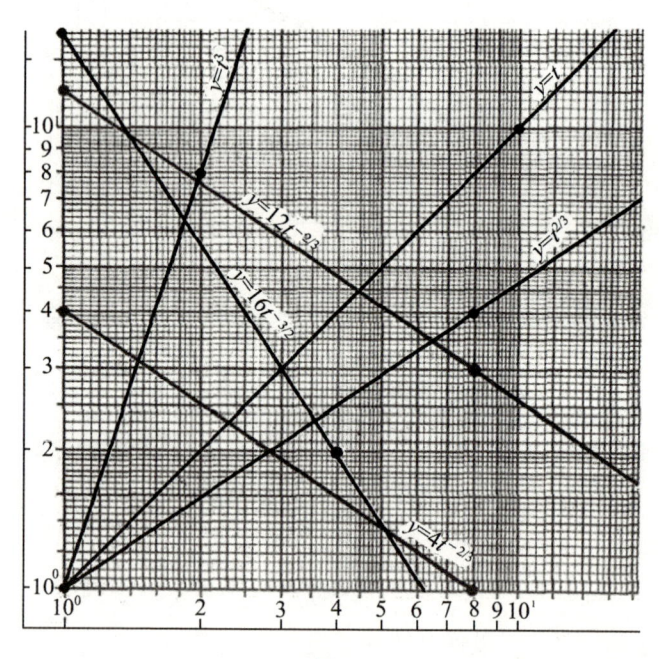

图 7

如果有理由认为某个经验关系近似服从形如(3)的法则，那么就用对数网格做出图像。图 8 在对数网格上描绘出了关于湍流中脉动能量分布[①]的经验数据。这里 $E(k)$ 是相应于频率 k 的脉动能量的谱密度；E_0 与 k_0 分别是 E 与 k 的习惯单位。我们看到，对于

$$10^{-4}k_0 \leqslant k \leqslant 10^{-1}k_0$$

这个依赖关系可以用形如

$$E = ck^{-5/3}$$

的公式很好地表达出来。这个公式的理论解释由 A. M. 奥布霍夫[②]提出。

这里对于 $\lg k$ 和 $\lg E$ 所用的标度是不同的。因此对应于给定的 a 的图像的斜率并不等于 a。图 8 展示了怎样做出斜率对应于 $a = -\dfrac{5}{3}$ 的直线图像。

[①] 随机变量与其期望之差称为该随机变量的"涨落"，在湍流研究中也常称为"脉动"。湍流动能定义为速度脉动的方差与流体质量乘积的一半。——译者

[②] A. M. 奥布霍夫(1918—1989)，柯尔莫戈洛夫的学生，物理学家与应用数学家，以对湍流的统计研究而知名。这个结果常常被引用为"柯尔莫戈洛夫-奥布霍夫 5/3 定律"。奥氏的这项研究摘要刊登于《苏联科学院院报》1941 年第 32 卷，名为《论湍流谱中的能量分布》。——译者

图 8

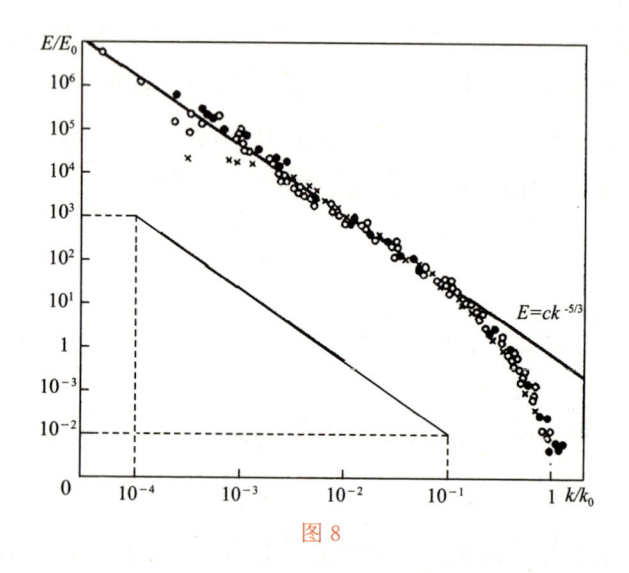

练习

下面的表格分两组列出了苏联工业品的增长：A 组是生产资料的产量，B 组是消费资料的产量（均用相对于 1913 年的百分比表示）。请读者在半对数坐标纸上作图。

在哪些年份 A 组的产量增长超过 B 组？在哪些年份两组齐头并进？比较一下一战与二战两个战争年代的特点。

注：A 组产量占全部工业品的百分比在 1913 年是 35.1%，在 1970 年是 74.8%。

年份	A 组	B 组
1913	100	100
1917	81	67
1928	155	120
1932	424	187
1937	1 013	373
1940	1 340	460
1945	1 504	273
1950	2 746	566
1955	5 223	996
1960	8 936	1 498
1965	14 156	2 032
1970	21 359	3 281

(吴帆译,姚芳校编)

平面几何与平面运动[1]

度量空间的平面

欧几里得几何体系中的平面可以通过不同的方式建立。现在如果我们拥有一些关于实数理论的基本逻辑,就能够很快地得到下列问题的答案:什么是欧几里得平面?首先,我们借鉴已经有的几何知识进行推理。然后,自然地展示出所提定义的概念——"欧几里得平面"。最后,我们可以证明利用它的基本原理可以重新建立以前研究的几何。

我们认为几何图形是点集。例如,以 O 为圆心、以 r 为半径的圆是平面内到点 O 的距离等于定长 r 的点的集合。可以这样研究图形的几何性质:在几何平面上具有共同的形式的点的集合对应的图形。我们考虑选择单位刻度为 e,那么平面上的任意两点 P,Q 之间的距离 r 的表达形式为 $r = \rho e$。(在这里 ρ 为非负实数。)

---

[1] 本文译自:柯尔莫戈洛夫. 数学——科学和职业 // 量子(64 期). 莫斯科:科学出版社, 1988:135-137. (А. Н. Колмогоров. Математика——Наука и профессия // Библиотека Квант Выпуcник 64. Москва:Нвука,1988:135-137.)

以下我们称 P,Q 两点间的距离为最简单的数 ρ,记为 $\rho(P,Q)$。

平面上的点之间的距离具有下列性质:

① $\rho(P,Q) \geqslant 0$,其中 $\rho(P,Q)=0$ 当且仅当 $P=Q$。

② $\rho(P,Q)=\rho(Q,P)$。

③ $\rho(P,Q)+\rho(Q,R) \geqslant \rho(P,R)$。

任意的集合 M 和定义在 $M^2=M \times M$ 上具有性质①~③的函数 $\rho(P,Q)$,被称为度量空间。因为在平面上点间的距离具有这些性质,所以产生了寻找最终的度量空间形式的想法。如果在平面上建立直角坐标系,那么两点 P 和 Q 的距离为

$$\rho(P,Q) = \sqrt{(x_P-x_Q)^2+(y_P-y_Q)^2}$$

这里 x_P 和 y_P 是 P 点的坐标,而 x_Q 和 y_Q 是 Q 点的坐标。而

$$\rho = \sqrt{(x_1-x_2)^2+(y_1-y_2)^2}$$

是平面上点 (x_1,y_1) 和 (x_2,y_2) 之间的距离。也就是说,几何平面到数值平面的映射

$$P \to (x_P, y_P)$$

使距离 $\rho(P,Q)$ 等于数值平面上的点 P 和 Q 的距离。

现在我们有足够的准备来进一步地理解欧几里得平面

的定义。

定义 1 度量空间($\mathbf{R}^2, r$)，在这里

$$r[(x_1, y_1), (x_2, y_2)] = \sqrt{(x_1 - x_2)^2 + (y_1 - y_2)^2}$$

称为欧几里得数值空间。

请注意：每个度量空间由下面元素组成：

(1) M 上的点集。

(2) 设 M^2 上的距离为 ρ。

就可以说 ρ 是一个度量空间到另一个度量空间的映射，是一个点集到另一个点集（它们的载体）的映射形式。

定义 2 度量空间称为欧几里得空间，如果它可以映射到保留点间的距离的欧几里得数值平面。

为了在这个基础上建立欧几里得几何平面，应该通过点的概念和点间的距离的概念定义一切常规的几何概念。以上的示例是圆的定义。确定下面线段定义的正确性：

$$[A, B] = \{X : \rho(A, X) + \rho(X, B) = \rho(A, B)\}$$

同样可以定义圆、射线、直线、相互垂直的直线等概念。

度量空间的实例

度量空间的概念在数学中有很多不同的应用。度量空

间是欧几里得数值空间 $(\mathbf{R}^n, r)$，这里

$$r[(x_1, x_2, \cdots, x_n),(y_1, y_2, \cdots, y_n)] = \sqrt{\sum_{k=1}^{n}(x_k - y_k)^2}$$

现在我们给出的只是一些相对简单的例子。

例 1 在空间中正方体有 8 个顶点，连接这些点中任意两点间的正方体的边组成的最短折线的距离。很明显，这样的距离只有四种可能值：$0, a, 2a, 3a$，这里 a 是正方体的边长。

例 2 以不常规的方式定义实数空间 $\mathbf{R}^2$ 的距离，可以得到新的度量空间。例如，可以设

$$r[(x_1, y_1),(x_2, y_2)] = |x_1 - x_2| + |y_1 + y_2|$$

在这种情况下，圆周是什么样的？

例 3 (M, ρ) 是度量空间，而 M_1 是集合 M 的子集。定义集合 M_1 的点 P 和 Q 的距离 $\rho_1(P, Q)$ 为

$$\rho_1(P, Q) = \rho(P, Q)$$

得到度量空间 (M_1, ρ_1)。可以说这是度量空间 (M, ρ) 的子空间。

等距映射

如果从一个度量空间到另一个度量空间的映射保持它

的距离，则被称为等距映射。可以证明，等距映射的可逆映射也是等距映射。

如果两个度量空间彼此是等距对应的，那么被称为等距的度量空间。这样就可以简短地定义欧几里得平面：等距的欧几里得数值平面的度量空间被称为欧几里得平面。

练习 1　证明：任何不超过三个点组成的度量空间等距于欧几里得平面的子空间。

练习 2　建立由不等距于任何欧几里得平面的子空间的四个点组成的度量空间。

解析几何

通常的欧几里得平面几何所有的内容在某种程度都是我们定义的欧几里得平面：它们在自身上是等距的，并且所研究的平面几何中的平面图形的性质在这些欧几里得平面上都能得到。过去如果我们认为，平面几何学科本身是由三维空间中的平面组成，在相当长的一段时间之后，事情的现状发生了改变。物理学家认为，物理空间并不需要完全遵守欧几里得平面的规则。

真正的物理实验让我们得到了近似的几何平面模型。（如果是在教室黑板上的表面形式。）

实数平面是精确的模型，在这里欧几里得几何的原理充分满足，而不仅仅是更好地近似。因此欧几里得平面几何体系是特别的数学原理，它的发展不需要图形从平面推广到空间。

当然，欧几里得实数平面的所有定理和结论都可以用代数或数学分析的方式证明。在 16 世纪笛卡儿创建了解析几何，用坐标的方式研究几何定理和解决几何问题。在解析几何中，例如，为了得到两个圆的交点，对给定的方程

$$(x-a_1)^2+(y-b_1)^2=r_1^2 \qquad (1)$$
$$(x-a_2)^2+(y-b_2)^2=r_2^2 \qquad (2)$$

求解这个方程组的代数解。

练习 1 用解析的方法证明：两个圆的交点不止两个点。

练习 2 根据给出的方程(1)和方程(2)，用解析的方法得到两个圆心间的距离和两个圆半径之间具有怎样的关系，如果两个圆有：(a)两个交点，(b)一个交点，(c)无交点。

通常情况下，综合的方法是最快得到一些有趣结论的方法。接下来我们将用简便的基本方法和解析几何的方法来解决一些问题。

几何学和运动学中的映射

考虑各种类型函数的例子。

定义域	值域	
	数	平面的点
数	1	2
平面上的点	3	4
点对(M,t),其中t是数,M是平面上的点		5

(1)常规的实函数。在映射的术语中,实函数是 **R** 到 **R** 中的映射。

(2)从 **R** 到平面的映射,就是研究平面运动的运动学点平面。

例 4 以速度 v 运动的质点在重力作用下的水平和竖直方向的距离方程为

$$x(t)=vt, \quad y(t)=h-\frac{gt^2}{2} \tag{1}$$

这里 g 是重力加速度。坐标系这样建立:x 轴是初始的速度方向,沿着水平方向;y 轴垂直向上。而初始位置的坐标是$(0,h)$(图 1)。当

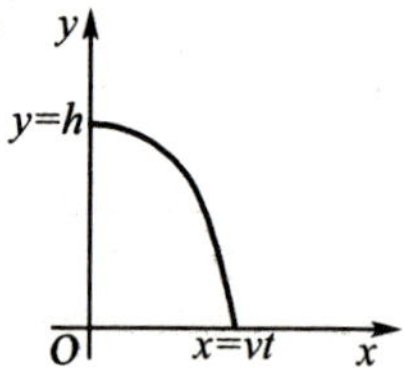

$$t=T=\sqrt{\frac{2h}{g}}, \quad y(t)=0$$

图 1

这个时刻质点落在地面上,按照公式(1),运动结束。公式(1)定义的映射 $t\to M(t)=[x(t),y(t)]$,是实数直线段$[0,T]$到图 1

所示的曲线的映射。

总之,力学中平面上质点的运动就是数学中从实数到平面的映射:

$$t \to M(t) = [x(t), y(t)]$$

自然地,从实数到三维空间的映射与三维空间上的运动相关。

(3) 映射

$$M \to \rho(O, M)$$

可以作为第三个类型的映射的例子,该映射把每个点 M 对应到 M 与定点 O 的距离[例如,实平面上的坐标原点 $O = (0, 0)$]。

(4) 第四种类型的映射给出了两个例子。

例 5 直线 l 的正交设计:

$$M \to P_l(M)$$

这个映射的定义域是全体平面,而函数值是直线 l [图 2(a)]。

例 6 轴对称:

$$M \to S_l(M)$$

把平面的每个点 M 对应到 $M_l = S_l(M)$,$MM_l \perp l$ 并且 MM_l

和 l 相交于线段 $[M, M_1]$ 的中点[图 2(b)]。在这里定义域和函数值是一致的,就是全体平面。

映射 P_l 是不可逆的,映射 S_l 是可逆的。请注意:在几何平面上所有平面作用到自身的可逆映射被称为几何变换。

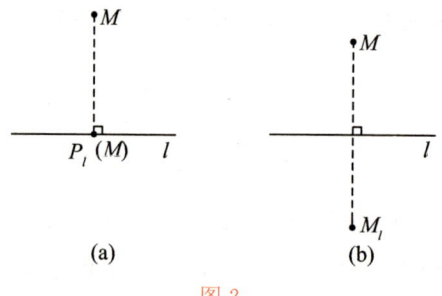

```
        •M                      •M
        |                       |
--------□--------l      --------□--------l
      P_l(M)    l                       l
        (a)                     |
                                •M_l
                                (b)
```

图 2

请注意:如果轴对称有等距映射,那么最简单的是等距离。平面的等距离是所有平面上对应自己的等距映射。

平面上对应自己的等距映射是一个图形到另一个图形的等距映射的特例。从整体上看等距映射的概念是与物体位移密切相关的图形 ϕ 对应到图形 ϕ_1 的映射。在力学中,质点 M 组成了物体图形 ϕ 本身。物体图形 ϕ 的每个点向前移动占有 M_0 的位置,而向后移动进入空间 M_1 中。构成物体的所有质点的初始位置称为集合 ϕ_0,ϕ_1 是它们的结束位置的集合。物体移动时,构成它的质点之间保持距离。当移动映射为

$$M_0 \to M_1$$

时,图形 ϕ_0 到图形 ϕ_1 是等距的。

总之,物体位移的研究可归结为一个图形到另一个图形的等距映射的研究。因此,数学家有时简单地称其为等距映射变换。

(5) 第五种类型的映射自然出现在对运动的研究中。我们分辨一下变换和运动。例如,对任意的平面图形 ϕ_0,可以将它以点 O 为中心,中心对称变换得到图形 ϕ_1(图3)。这个变换是可以实现的,把图形逆时针方向旋转 180°,再沿逆时针方向旋转 180°。图形的这两个运动的中间位置的图形是不同的。我们有了两个不同的运动的例子,但是它们的结果是同样的一个变换。

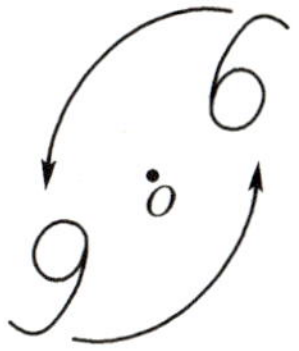

为了记录物体运动在初始时刻 $t=0$ 时的位置 ϕ_0,应该指定每个点 $M_0 \in \phi_0$ 和所有我们感兴趣的时刻 t 时点的位置

$$M = f(t, M_0) \qquad (2)$$

图3

质点在时刻 $t=0$ 时占有位置 M_0。

我们发现,函数(2)在第五种类型的映射的辅助下描述了物体运动。

关于平行和方向的注记

我们修改一些传统的平行线的定义。我们将认为,两条直线是平行的,如果:①它们是重合的,②它们位于一个平面内,但是没有公共点。

这样理解的平行关系具有三条性质:

a. 自反性:$a /\!/ a$;

b. 对称性:如果 $a /\!/ b$,那么 $b /\!/ a$;

c. 传递性:如果 $a /\!/ b$,并且 $b /\!/ c$,那么 $a /\!/ c$。

平行关系在传统的意义上是反自反性的(直线不能自身平行)。对称性也替代了传统意义上平行规定的说法:如果 $a /\!/ b, b /\!/ c$,而且直线 a 和 c 不同,那么 $a /\!/ c$。"直线 a 和 c 不同"这个说法的必要性经常使我们有很多的不便。这些都说明要过渡到新的对平行的理解。

如果它们分别对应两条平行线,那么它们是两条平行射线。

两条平行射线可以是相同的方向,或者是不同的方向。两条射线方向相同的概念可严格定义为

a. 一个方向的两条射线属于一条直线,如果它们的一条是另一条的一部分[图 4(a)]。

b. 一个方向的两条平行射线不在一条直线上，如果它们位于连接它们的起点 OO_1 的直线的一个方向，即位于由直线 OO_1 分割的两个半平面之一[图 4(b)]。

图 4(c)中射线的方向是相反的。

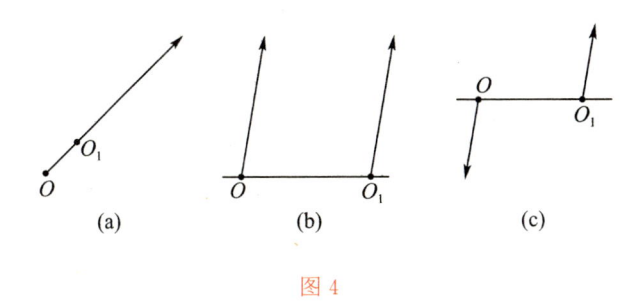

图 4

我们可以得出：一个方向的两束光线具有自反性、对称性和传递性的性质。

同时还可以得出下述结论。所有位于平面上的射线是这样分类的：相同方向的任何两条射线是一类，而不同方向的两条射线是不同类。这允许精确地定义出方向的概念：方向只是现在所描述的一类射线。

同样，平面上的所有的直线分成平行系。位于平行直线系上的射线只有两个方向。这两个方向被称为相互反向。

平　移

平移是平面上这样的变换：所有点在同样的方向、同样的距离移动。直观上很清楚，平移 T 完全确定了一对点 (A,B)：

$$T(A)=B$$

这种平移用符号表示为 T_{AB}。映射 T_{AB} 的定义在不同情况下与点 A 和点 B 可以一致，也可以不一致。

(1) T_{AA} 是平面上对自身的恒等映射：$E(X)=X$。

(2) 如果 $A\neq B$，那么 $Y=T_{AB}(X)$ 是以 X 为起点，经过射线 AB 的相同方向，在这个射线上得到点 Y，使得

$$\rho(X,Y)=\rho(A,B)$$

很容易看出 ρ 是可逆映射。对于移动 T_{AB} 有反向移动 T_{BA}：

$$T_{BA}(T_{AB}(M))=M$$

对于乘法映射，它们总是可交换的。

定理 1　（平移乘法交换律）　总有 $T_2T_1=T_1T_2$。

证明　应该证明如果任意满足下面式子的 X，由

$$T_1(X)=Y, \quad T_2(Y)=Z \tag{1}$$

$$T_2(X)=U \qquad (2)$$

推导出

$$T_1(U)=Z \qquad (3)$$

如图 5 所示,如果 X, Y, Z 不位于一条直线上,那么由式(1)、(2)推导出点 X, Y, Z, U 形成了平行四边形的顶点(请读者解释为什么?),而由这个结论推导出式(3)。

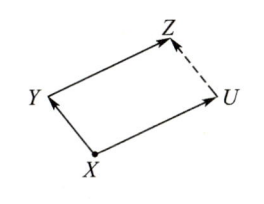

图 5

当 X, Y, Z 位于一条直线上时特殊考虑。这就完善了这个证明。

定理 2 两个平移的乘积是平移。

初等的几何证明需要考虑一系列的特例。在图 6 描绘了一般情况。应该证明,线段 AC 和 XZ 方向相同,长度相等。在基础定理 1 中是纯粹的代数证明。

证明 $T_1(A)=B, T_2(B)=C$。

如果存在平移 $T_3=T_2T_1$,那么

$$T_3(A)=C \qquad (4)$$

我们定义平移 T_3 正是这个等式(4)。应该证明,由

$$T_1(X)=Y, \quad T_2(Y)=Z$$

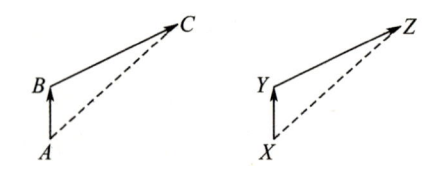

图 6

中的任意 X 推导出

$$T_3(X)=Z \tag{5}$$

设 $T=T_{AX}=T_{BY}$。由定理 1 得

$$T(B)=TT_1(A)=T_1T(A)=T_1(X)=Y$$

$$T(C)=TT_2(B)=T_2T_{BY}=T_2(Y)=Z$$

因此

$$T_3(X)=T_3T(A)=TT_3(A)=T(C)=Z$$

等式(5)按要求得到了证明。

定理 3 平移是位移,即保持了两点之间的距离。

证明 设 $T(A)=A'$,$T(B)=B'$,$T^*=T_{AB}$。由定理1得

$$T^*(A')=T^*T(A)=TT^*(A)=T(B)=B'$$

由平移 T^* 的定义得

$$T^*(A)=B, \quad T^*(A')=B'$$

推导出 $\rho(A',B')=\rho(A,B)$。

练习 (1) 证明每条直线平移是移动到与它平行的直线, 而每条射线平移是移动到与它同方向的射线。

(2) 展示一下: 移动每条射线到和它同方向的射线, 有平移这样的移动。

(3) 指出每条直线移动到和它平行的直线, 但是不是平移的移动例子。

向　量

一个同样的平移 T 可以在很多不同的一对点的帮助下给定:

$$T=T_{AB}=T_{A_1B_1}=T_{A_2B_2}=\cdots$$

也许, 你们已经习惯了物理学科所说的线段 $AB, A_1B_1, A_2B_2, \cdots$, 一个同样的向量描述了 $a=\overrightarrow{AB}=\overrightarrow{A_1B_1}=\overrightarrow{A_2B_2}=\cdots$。

有时这样表述: 向量是有方向的线段, 即指出起点和终点的线段。但是进一步定义了一个同样的平移的向量, 它们相等。现代数学不承认这种没有清楚的思维活动的意义。我们知道等号只是放在两个同样的对象之间的符号。例如

$$0.25 = \frac{1}{4} = 25\%$$

因此 $0.25, \frac{1}{4}$ 和 25% 是同样一个数的不同书写方式。数学中规定,向量 $a = \overrightarrow{AB}$ 所对应的所有有向线段 XY 的集合是

$$T_{XY} = T_{AB} \tag{1}$$

容易证明,满足(1)的线段 XY 的集合,与由线段 AB 平移得到的线段的集合重合。

事实上,由等式(1)可推证

$$T_{AX} = T_{BY} \tag{2}$$

(请自行证明!)

有方向的线段间的平移具有自反性、对称性和传递性。因此相互平移得到的所有的有方向的线段可以分类。每个类被称为向量。不得不添加零向量。零向量是不能用线段描述的真正意义上的向量。

逻辑上很简单。另外,用点 (A,B) 替换有向线段 AB,这样我们就得到了下面的定义。

定义 3 向量被称为从任意的一个点对经过所有可能的平移得到的点对的集合。

关系 $(X,Y) \in a$ 书写成 $a = \overrightarrow{XY}$。(向量的印刷体为小写

的粗体字母,手写时在字母上面写箭头。)

从前面知道,所有的点对(X,Y)的集合,对于$T(X)=Y$,存在向量。它之前已经有了另外的名称:这是映射 T 的图形 Γ_T。它明确地定义了映射 T。如果 $a=\Gamma_T$,那么记为 $T=T_a$。

显然
$$T \to a = \Gamma_T, \quad a \to T = T_a$$
相互明确。

现在我们已经有了认为正确的书写:
$$T_{AB} = T_{A_1 B_1} \text{ 和 } \overrightarrow{AB} = \overrightarrow{A_1 B_1}$$

向量的加法和数乘

向量加法的定义公式为
$$\overrightarrow{AB} + \overrightarrow{BC} = \overrightarrow{AC} \tag{1}$$
这个定义是正确的,因为在事实上定义它的字母
$$a + b = c$$
不取决于起点 A [终点 $B, C, a = \overrightarrow{AB}, b = \overrightarrow{BC}$(图7)]。

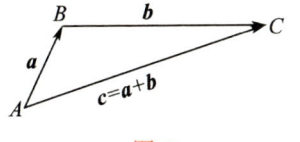

图 7

通常给出这个事实的直接的几何证明。我们简单介绍一下平移 T_a 和 T_b。等式(1)构造了等式

$$T = T_a T_b = T_{\overrightarrow{AC}}$$

这个乘积不取决于点 A 的选择。意思是不依赖于这个点的选择并得到向量

$$c = \overrightarrow{AC}$$

顺便我们得到了一个基本的公式：$T_a T_b = T_{a+b}$。当平移相乘，相应的向量就会出现。现在由平移的乘法的交换律和结合律立刻得出相关的向量加法的性质(图 8)：

$$a+b = b+a \qquad (\text{I})$$

$$a+(b+c) = (a+b)+c \qquad (\text{II})$$

图 8

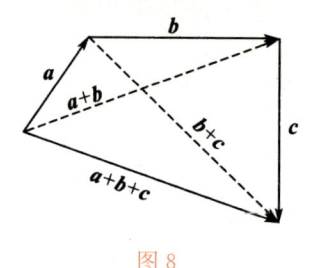

值得注意的是零向量 $\mathbf{0} = \{(A, B) \mid A = B\}$ 的性质。由式(1)得到

$$a + \mathbf{0} = a \qquad (\text{III})$$

向量的绝对值(也称模或长度)的定义公式为

$$|\overrightarrow{AB}| = \rho(A,B) \qquad (2)$$

很容易证明它的正确性。

向量 $a \neq 0$ 的方向与射线 AB 的方向相同，即 $\overrightarrow{AB} = a$。零向量没有方向。

向量的数乘的定义是这样的：

① $0 \cdot a = 0$; $\qquad$ (Ⅳ)

② $k \cdot 0 = 0$; $\qquad$ (Ⅴ)

③ 如果 $k > 0, a \neq 0$，那么 ka 的向量长度为 $k|a|$，ka 与向量 a 有共同的方向；

④ 如果 $k < 0, a \neq 0$，那么 ka 的向量长度为 $|k||a|$，ka 与向量 a 有相反的方向；

很容易得到向量的加法和数乘运算的性质：

$$kl(a) = (kl)a; \qquad (Ⅵ)$$
$$(k+l)a = ka + la; \qquad (Ⅶ)$$

虽然证明比较麻烦。

在这里得到的所有向量都可以考虑用位于一条直线上的一对点或线段来描绘。

向量分配律的不同情况[第一分配律写为形式(Ⅶ)]：

$$k(a+b) = ka + kb \qquad (Ⅷ)$$

但是(Ⅷ)是你们在学校学习的著名的线段成比例的性质的直接推论(图 9):如果 $a=\overrightarrow{AB}$ 和 $b=\overrightarrow{BC}$,而 $ka=\overrightarrow{AB'}$ 和 $kb=\overrightarrow{B'C'}$,但是 $a+b=\overrightarrow{AC}$,而 $ka+kb=\overrightarrow{AC'}=k(a+b)$,等等。

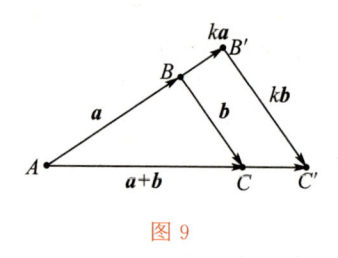

图 9

向量及向量平移的坐标

通常坐标系的建立要求指出原点 O,并引出两条互相垂直的射线 Ox、Oy 和单位刻度。沿着射线 Ox 和 Oy 做单位线段 $\overrightarrow{OE_x}$ 和 $\overrightarrow{OE_y}$,得到两个向量,标记为

$$i=\overrightarrow{OE_x}, \quad j=\overrightarrow{OE_y}$$

容易理解,坐标系定义了指定的点 O 和向量 i 和 j。向量 i 和 j 相互垂直[1]并且长度相同。可以认为任意的笛卡儿直角坐标系给出了指定的原点 O 和两个互相垂直的单位向

---

[1] 如果线段 OA 和 OB 垂直,那么非零向量 $a=\overrightarrow{OA}$,$b=\overrightarrow{OB}$ 垂直。这个定义是正确的(它的意义与点 O 的位置无关)。规定零向量 0 垂直于任何向量。这是为什么你们看到的以下内容是合理的。

量 i 和 j。我们知道存在所有向量 a 的集合到所有点 A 的集合的映射为

$$a = \overrightarrow{OA} \to A$$

所有点 A 的集合到所有数对 (x,y) 的集合的映射为

$$A \to (x_A, y_A)$$

在这里出现了一一映射 $a \to (x,y)$。因此数 x_A 和 y_A 被认为是向量 a 的坐标。

练习 证明 $a = \overrightarrow{OA} = \overrightarrow{OA_x} + \overrightarrow{OA_y} = x\boldsymbol{i} + y\boldsymbol{j}$（图10）。

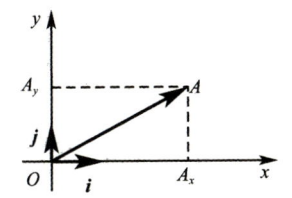

图 10

由上述的一一对应 $a \to (x,y)$ 提出了向量 a 的唯一的表达形式为

$$a = x \cdot \boldsymbol{i} + y \cdot \boldsymbol{j} \tag{1}$$

向量 a 的坐标 x, y 相应地用 a_x 和 a_y 来表示。

我们由原点 O 和向量 i 和 j 定义了坐标系。但是由上面的内容可知，表达式 $a = x \cdot \boldsymbol{i} + y \cdot \boldsymbol{j}$ 的系数与点 O 的位置无关。

向量的笛卡儿直角坐标系是由两个互相垂直的单位向量 i 和 j 定义的。

可以证明,平移 T_{ai} 可以使坐标为 (x,y) 的点平移到以 (x',y') $(x'=x+a, y'=y)$ 为坐标的点。类似的,平移 T_{bj} 使坐标为 (x,y) 的点平移到以 (x',y') $(x'=x, y'=y+b)$ 为坐标的点。

任意向量 $a=x \cdot i + y \cdot j$ 经过平移 $T_a = T_{a_x i} T_{a_y j}$,可以使坐标为 (x,y) 的点平移到以

$$x' = x + a_x, \quad y' = y + a_y \qquad (2)$$

为坐标的点。我们记录了坐标平移。当然,公式(2)也可以从纯直观的体会得到。另外请注意,严格的初等证明要求考虑一些特例。向量 $a_x = a_x i, a_y = a_y j$ 是在给定的坐标系下向量 a 的组成部分。

我们考虑的这些向量与对应坐标的关系列表如下:

向量	i	j	a_x	a_y	a
坐标	$(1,0)$	$(0,1)$	$(a_x,0)$	$(0,a_y)$	(a_x,a_y)

等距面的概观

实质上,在八年制学校的学习中,平移还有两种形式:旋转和轴对称平移。

首先考虑在 $0°\leqslant\alpha\leqslant 360°$ 角度逆时针方向旋转。绕中心点 O,任意点 M 旋转到 M',旋转角度 $\angle MOM'=\alpha$,与中心的距离 $\rho(OM')=\rho(OM)$(图11)。到自身平面映射的 $M\to M'$ 被称为绕中心点 O 旋转角度 α 的旋转,并命名为 R_O^α。

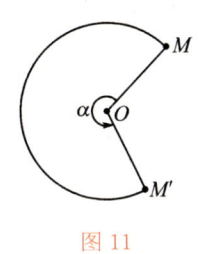

图 11

如何证明旋转

$$R_O^\alpha(M)=M'$$

有移动?

可以想象,在转动的同时通过固定一点而另一个点流动实现旋转。如果旋转角度的转动连续增加到 $360°$,得到的转动结果仅是旋转 $0°$。对任意实整数 n,旋转 $n\cdot 360°$ 也是一样的。顺时针的转动测量的是负的度数。转动 $-90°$ 的旋转与转动 $270°$ 的旋转相同。转动 $630°$ 的旋转与所有角度为 $m\cdot 360°+270°(m\in \mathbf{Z})$ 的旋转相同。

因此,按定义,$\alpha°$ 的旋转可以认为是 $(360\cdot\{\alpha/360\})°$ 的旋转(这里 α 是任意数,$\{\}$ 代表十进制的符号)。

很容易确定,在这样的统一规定下,

$$R_O^\alpha R_O^\beta = R_O^{\alpha+\beta} \tag{1}$$

成为有共同中心的旋转结果的通用公式。

特别地,由式(1)得到

$$R_O^{-\alpha} R_O^\alpha = R_O^0 = E$$

又$(R_O^\alpha)^{-1} = R_O^{-\alpha}$,对轴对称$S_1$,有$S_1^2 = E, S_1^{-1} = S_1$。

现在还有另一种形式的移动。如果向量$\boldsymbol{\alpha}$平行于直线p,那么移动

$$F = T_{\boldsymbol{\alpha}} S_p$$

称为滑动对称(图12)。我们认为零向量平行于任何直线①,是普通轴对称中滑动对称的特例。

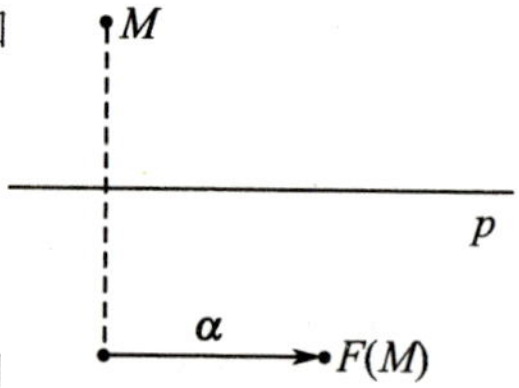

图 12

存在沙勒定理:任意的变换要么是平移,要么是旋转,要么是滑动对称。实质上,证明将借鉴你们经常在八年级使用的平面的可动性原则。А. П. 基谢廖夫(А. П. Киселева)在教科书中制定了公理形式:在平面上给出了两条射线OA和O_1A_1。实质上正好是两个从射线OA转移到射线O_1A_1的位移。

下面证明沙勒定理。如果$F = E$,那么F或者是零向量

---

① 类似的,规定零向量与任何其他的向量平行。请注意,向量平行的传递性只对于非零向量$\boldsymbol{\alpha} \neq \boldsymbol{0}$成立。

的平移,或者是零度角的旋转。剩下需要考虑的是 F 不是 E。这时实质是两个点 $A,B=F(A)\neq A$。令 $C=F(B)$。射线 AB 通过位移 F 到射线 BC。如果我们找到两个拥有同样性质的不同的位移,那么它们中的一个就是位移 F。

请注意,$\rho(A,B)=\rho(B,C)$。当 A,B,C 不在一条直线上时,建立旋转中心 O,转移 A 到 B,B 到 C(图13)。在图14中建立了具有同样性质的对称滑动。

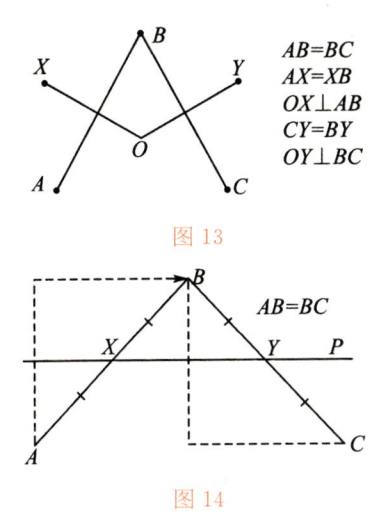

图 13

图 14

如果 A,B,C 位于同一条直线,那么有两种可能情况:图15(a)中的图形,$C=A$ 时的情况是图15(b)。在图15(b)的情况下,我们需要的本质位移是 T_{AB} 平移和对称滑动 $T_{AB}S_{AB}$。在图15(b)的情况是围绕线段垂线进行180°旋转和作为线段垂直平分线的轴对称。定理证明完毕。

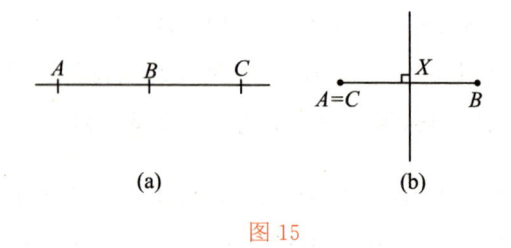

图 15

点的运动学，角的弧度制

根据数学的观点，点的运动研究的是带有点值的实变量 t 的函数 P_t。引用的参数 t 只是被解释为时间。下面处理两个例子。

例 7 匀速直线运动：

$$P_t = T_{tv}(P_0)$$

其中，向量 v 是运动速度。坐标是

$$x = x_0 + v_x t, \quad y = y_0 + v_y t$$

例 8 匀速圆周运动：

$$P_t = R_O^\gamma(P_0)$$

其中，γ 是单位时间线段 OP_0 旋转的角度。

如果 $\gamma = \theta°$，那么点 P_t 在时间 t 内经过的圆周半径为

$$\rho(O, P_0) = r$$

$$弧长 = \frac{\pi}{180} \cdot \theta rt \qquad (1)$$

很明显，如果改变测量角度单位，那就可以去掉乘数 $\frac{\pi}{180}$。选择一个新的测量角度的单位

$$\left(\frac{180}{\pi}\right)° \approx 57°17'45''\cdots$$

这个角度单位被称为角度的弧度，并记为弧度。反过来，

$$1° = \frac{\pi}{180} \text{弧度} \approx 0.017\ 453\ 29\ \text{弧度}$$

显然，$\theta° = \omega$ 弧度，这里 $\omega = \frac{\pi}{180}\theta$。公式(1)在弧度制下得到了简单的形式

$$l = \omega rt \qquad (2)$$

角度的弧度制是度量角的基础。ω 弧度的旋转简单标记为 R_O^ω。现在定义点 O 和数 ω 的旋转。因为 $360° = 2\pi$ 弧度，所以 $R_O^{\omega+2\pi} = R_O^\omega$。

由匀速旋转运动的公式得到现在的形式 $P_t = R_O^{\omega t} P_0$。这里 ω 是弧度制下的角速度。在测量角度的弧度之前，关于角度 α，我们将符号 α 的角度大小作为标量测量，在不同单位表示数目不同。例如，$\alpha = 90°$ 相当于记为 $\alpha = \pi/2$ 弧度。在新的规定之后，我们表示一个定义的角度的数值优先选择角度测

量的弧度制。π/2 角是 90°角,角 $\alpha=2$ 约是 115°。在这个符号体系可以保留书写形式 $\alpha=90°$,但为了一致,可以认为 1° 是数值 $\pi/180\approx0.01745$ 的简单书写。

下面考虑多点运动更复杂的例子。

例 9 摆线。让点 P_t 在初始时刻 $t=0$ 位于坐标原点并沿横坐标轴正方向以单位速度运动。当 $t=0$ 时垂直向上的线段 P_tQ_t 逆时针方向绕着点 P_t 以单位角速度旋转。

如何通过力学描述其在点的运动的帮助下的矢径 $r_t=\overrightarrow{OQ_t}$?显然 $r_t=\overrightarrow{OP_t}+\overrightarrow{P_tQ_t}$。

向量 $\overrightarrow{OP_t}$ 在初始时刻 $t=0$ 等于随着同一时间以单位角速度匀速转动的 $j:\overrightarrow{P_tQ_t}=R_O^t(j)$。点的运动方程形式为 $r_t=ti+R_O^t(j)$。图 16 是摆线的运动轨迹图。

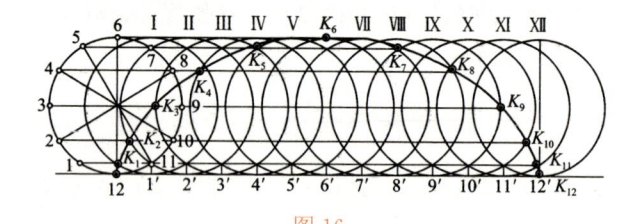

图 16

解题时我们利用操作 R_O^α 使向量旋转角度 α。这时操作定义等式:

$$R_O^\alpha(\overrightarrow{OA})=\overrightarrow{OR_O^\alpha(A)}$$

正弦与余弦

考虑点 P_t 沿着单位圆 $x^2+y^2=1$ 逆时针方向以单位速度匀速运动,规定在初始时刻 $t=0$ 的点位于 $P_0=(1,0)$。点 P_t 的坐标 x_t 和 y_t 对于这种专有的运动形式有特殊的名称:

$$x_t=\cos t, \quad y_t=\sin t$$

通过对三角学进行系统的研究,确定在摆线上段结束前方程记为

$$x=t-\sin t, \quad y=\cos t$$

对于这条曲线的参数方程,当参数 t 取遍实数集合 $\mathbf{R}$ 时,点 (x,y) 取遍摆线。

任意旋转的坐标表示

在单位向量 $\boldsymbol{i}$ 的旋转的帮助下可以给出正余弦的定义。令 $e(t)=R_0^t(\boldsymbol{i})$。那么向量 $e(t)$ 的坐标 x_t 和 y_t 用 t 的正余弦表示是:$x_t=\cos t, y_t=\sin t$。任意向量 $\boldsymbol{a}$ 可以由向量 $\boldsymbol{i},\boldsymbol{j}$ 旋转得到,其与 $a=|\boldsymbol{a}|$ 的乘积为:$\boldsymbol{a}=a(\cos\alpha\cdot\boldsymbol{i}+\sin\alpha\cdot\boldsymbol{j})$。

显然向量 $\boldsymbol{a}$ 的坐标为

$$x=a\cos\alpha, \quad y=a\sin\alpha$$

在正余弦的辅助下我们可以书写任意旋转的坐标的表

达式。由此可得 $R_O^\alpha(\boldsymbol{a}+\boldsymbol{b})=R_O^\alpha(\boldsymbol{a})+R_O^\alpha(\boldsymbol{b})$，$R_O^\alpha(k\boldsymbol{a})=k\cdot R_O^\alpha(\boldsymbol{a})$。

对于初始向量 $\boldsymbol{i}$ 和 $\boldsymbol{j}$ 的旋转，由正余弦的定义有

$$R_O^\alpha(\boldsymbol{i})=\cos\alpha\cdot\boldsymbol{i}+\sin\alpha\cdot\boldsymbol{j} \tag{1}$$

请注意 $R_O^{\pi/2}(\boldsymbol{i})=\boldsymbol{j}$，$R_O^{\pi/2}(\boldsymbol{j})=-\boldsymbol{i}$，得

$$R_O^\alpha(\boldsymbol{j})=R_O^\alpha R_O^{\pi/2}(\boldsymbol{i})=R_O^{\pi/2}(\cos\alpha\cdot\boldsymbol{i}+\sin\alpha\cdot\boldsymbol{j})$$
$$=-\sin\alpha\cdot\boldsymbol{i}+\cos\alpha\cdot\boldsymbol{j} \tag{2}$$

对于任意的向量 $\boldsymbol{a}=x\boldsymbol{i}+y\boldsymbol{j}$，由式(1)和(2)得

$$R_O^\alpha(\boldsymbol{a})=x(\cos\alpha\cdot\boldsymbol{i}+\sin\alpha\cdot\boldsymbol{j})+y(-\sin\alpha\cdot\boldsymbol{i}+\cos\alpha\cdot\boldsymbol{j})$$
$$=(x\cos\alpha-y\sin\alpha)\boldsymbol{i}+(x\sin\alpha+y\cos\alpha)\boldsymbol{j}$$

即对于向量 $\boldsymbol{a}'=R_O^\alpha(\boldsymbol{a})$ 的坐标，有

$$x'=x\cos\alpha-y\sin\alpha,\quad y'=x\sin\alpha+y\cos\alpha \tag{3}$$

显然，通过这些公式我们可以得到绕坐标原点的点的表达式

$$(x',y')=R_O^\alpha(x,y)$$

可以应用公式(3)找到向量 $\boldsymbol{e}_{\alpha+\beta}=R_O^\alpha(\boldsymbol{e}_\beta)$ 的坐标。显然，这些坐标都不过是 $\alpha+\beta$ 的正余弦。因此有

$$\begin{aligned}\cos(\alpha+\beta)&=\cos\alpha\cos\beta-\sin\alpha\sin\beta\\ \sin(\alpha+\beta)&=\sin\alpha\cos\beta+\cos\alpha\sin\beta\end{aligned} \tag{4}$$

这些关于正余弦的复杂公式对于在后面章节我们将学习的所有三角函数的公式都具有基本的意义。

固定平面的移动，运动方向

几何的"平面问题"、运动学的"刚体运动"都归结为考虑系列图形 Φ_t。根据参数 t，有 $\Phi_t = F_t(\Phi_0)$，在这里 F_t 由位移参数 t 确定。

运动通常是连续的：点 $P_t = F_t(P_0)$ 的连续性取决于时间 t。我们逐渐理解"连续"的准确的意义并开始使用它们。

数学经常出现变化的情况，例如，在整个平面上的自身的映射，这样我们就理解了"位移 F_t 的连续性取决于参数 t"。

由公式 $E = F_0, R_O^a = F_1, F_t = R_O^{ta}$，我们发现，旋转可以在平面自身的连续运动的帮助下得到。公式 $E = F_0, T_a = F_1, F_t = T_{ta}$ 同样适应于平移。

但是对于对称和滑动对称不是这样的。对于滑动对称 S，不存在取决于连续参数 t 的系列位移 F_t，这时 $F_0 = E$，$F_1 = S$。因此我们认为旋转和移动是"第一种移动"，而滑动对称（特别是普通轴对称）是"第二种移动"。

定义 4 移动 F 是第一种移动,如果存在单参数系列连续移动 F_t,此时 $F_0 = E, F_1 = S$。其他的移动被称为第二类移动。

平面运动原则指出,如果一对垂直的射线 (OX, OY) 转化成一对射线 (O_1X_1, O_1Y_1) 的准确移动是第一类移动,则射线 (OX, OY) 和 (O_1X_1, O_1Y_1) 可以作为相应的坐标体系,或者一对同样方向的单位向量 (i, j) 和 (i_1, j_1)。如果需要相应的第二类位移,那么它们的方向相反。

因此所有一对互相垂直的射线都被分为两类——有两个取向之一。

很容易理解,同一类移动的乘积有第一类位移,而不同类移动的乘积是第二类移动。不过,在这段所有内容的后面我们会更深入地认识一下。

练习

1. 找到两个可交换的轴向对称的充要条件(当 $S_p S_q = S_q S_p$)。

2. 找到可交换的平移和对称的充要条件(当 $T_a S_p = S_p T_a$)。

3. 证明:任意平移有两个或者三个基本对称的乘积。

4. 对于直线 $x=0, x=y, x=y+1$,则 $S_p(x,y) = (x', y')$。

5. 请证明 $R_{O_1}^a = T_{\infty_1}^{-1} R_O^a T_{\infty_1}$。

6. 写出所有的平移 T,由条件 $p /\!/ q$

$$T^{-1} S_p T = S_q$$

7. 写出所有的旋转 R,由不平行的 p 和 q

$$R^{-1} S_p R = S_q$$

在习题 8~13 中,要求写出所有的移动——图形 ϕ 到图形 ϕ_1 的映射。即对于向量的移动是基本体系相对轴的移动,对于滑动是轴和向量平移,关于旋转是有角度的中心旋转。

8. ϕ 和 ϕ_1——等边三角形[图 17(a)]。

9. ϕ 和 ϕ_1——正方形[图 17(b)]。

10. ϕ 和 ϕ_1——正八边形[图 17(c)]。

11. ϕ 和 ϕ_1——是彼此相等的圆[图 17(d)]。

12. ϕ 和 ϕ_1——平行线。

13. ϕ 和 ϕ_1——相交线。

196 | 我是怎么成为数学家的

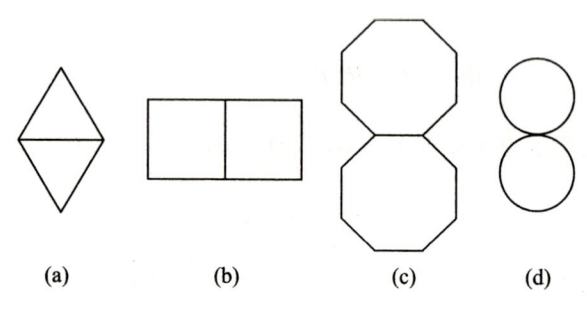

```
   (a)        (b)        (c)        (d)
```

图 17

14. 证明：有界图形绕旋转中心映射到共线的有界图形，而普通的滑动对称轴经过一个点。

请注意，由 13 题的解答可以看出 14 题的本质的制约条件。

15. 证明：在 $\alpha_1 + \alpha_2 = 0$ 的条件下位移 $R_{O_2}^{\alpha_2} R_{O_1}^{\alpha_1}$ 是平移 T_a，而在 $\alpha_1 + \alpha_2 \neq 0$ 的条件下是旋转 R_O^α。a 是在第一个平移中被定义，O 和 α 是在第二个旋转中被定义。

点的运动学、速度和加速度

1. 向量值函数

对于平面上点的运动映射到含有实参数点 t 的函数 P_t，选择任意的点 O，得到了向量值函数 $r(t) = \overrightarrow{OP_t}$。选择以 O 为坐标系原点，点 P_t 的坐标标注为 x_t 和 y_t，它们将是向量 $r(t)$ 的坐标。

我们发现，平面上点的运动可以利用向量函数（这个向量经常被称为点 P_t 的矢径）和含参数 x_t 和 y_t 的两个数值函数进行描述。

许多曲线很容易用表示点的运动轨迹表示。这样的曲线的方程称为参数方程（位于变量方程的 t 是参数）。例如，圆 $x^2+y^2=1$ 可以对应参数方程

$$x_t = \cos t, \quad y_t = \sin t$$

而椭圆 $\dfrac{x^2}{a^2}+\dfrac{y^2}{b^2}=1$ 对应参数方程

$$x_t = a\cos t, \quad y_t = b\sin t$$

如果最开始给定的研究主体是向量函数 $r(t)$，那么描绘带矢径 $r(t)$ 的函数的图像是点 P_t 的轨迹，也被称为向量函数 $r(t)$ 的轨迹。

按照向量函数的定义，$r(t)$ 有自己的极限向量 r_0，其中坐标为 (x_0, y_0)，只是当其中 $r_x(t)$ 有自己的极限 x_0，而 $r_y(t)$ 有自己的极限 y_0。这样，记录 $r(t) \to r_0$ 等于 $r_x(t) \to x_0$，而 $r_y(t) \to y_0$。

作业 证明：如果 $r(t) \to r_0$，那么
$$|r(t)| \to |r_0|$$

2. 向量函数的导数

考虑向量函数 $r(t)$ 的导数并得到了 t 的增量 Δt，那么向量函数的意义是向量从坐标原点出发，增量 Δt 的结果是向量 $r(t+\Delta t)$ 的终点对应在轨迹上的某个位置 $K(t+\Delta t)$。我们理解了 $r(t)$ 得到了增量 Δr，它的图形是图 18。

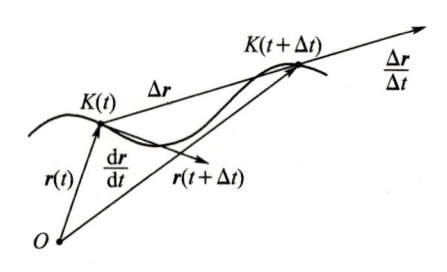

图 18

向量函数的导数定义与实函数的导数定义完全吻合：

$$\frac{dr(t)}{dt} = r'(t) = \lim_{\Delta t \to 0} \frac{r(t+\Delta t) - r(t)}{\Delta t} = \lim_{\Delta t \to 0} \frac{\Delta r}{\Delta t}$$

请注意，依据向量函数的极限定义，导数 $r'(t)$ 的存在导致导数 $r_x(t)$ 和 $r_y(t)$ 存在，反之亦然。

我们知道实函数导数的几何意义和物理意义，现在认识了这个向量函数。

请注意,有小的增量 Δt 的向量 $\frac{\Delta \boldsymbol{r}}{\Delta t}$ 的方向总是沿着线段 $K(t)K(t+\Delta t)$ 的方向,根据增加的 t(请考虑 Δt 不同的符号表示,图 18),假设向量 $\boldsymbol{r}'(t)$ 不是零向量,这意味着 $\frac{\Delta \boldsymbol{r}}{\Delta t}$ 的大小和方向都接近向量 $\frac{\mathrm{d}\boldsymbol{r}}{\mathrm{d}t}$。因此,点 $K(t)$ 的轨迹是具体的切线,即向量 $\frac{\mathrm{d}\boldsymbol{r}}{\mathrm{d}t}$ 的方向。

$\frac{\mathrm{d}\boldsymbol{r}}{\mathrm{d}t}=0$ 的点被称为奇点。在这种情况下我们不能确认 $\frac{\Delta \boldsymbol{r}}{\Delta t}$ 是否接近任何向量的方向,即轨迹可能没有切线。

请注意,我们对曲线在点 P 的切线的理解为:经过点 P 和曲线上的另外的点 P' 的割线的极限位置,这个点 P' 沿曲线由左或右接近于点 P。

如果经过 $S(t)$ 向下的路径经过点 $K(t)$,那么动点 $K(t)$ 的线性速度为

$$V(t)=\lim_{\Delta t \to 0}\frac{S(t+\Delta t)-S(t)}{|\Delta t|}$$

我们进一步地利用光滑的圆弧 AA_0 的长度得到重要的性质:

$$\lim_{A \to A_0} \frac{\text{圆弧 } AA_0 \text{ 的长度}}{\text{弦 } AA_0 \text{ 的长度}} = 1$$

圆弧的长度是 $S(t+\Delta t) - S(t)$，而弦的长度是 $|r(t+\Delta t) - r(t)|$。我们知道，$\frac{r(t+\Delta t) - r(t)}{\Delta t} \to r'(t)$ 和 $\frac{|r(t+\Delta t) - r(t)|}{|\Delta t|} \to |r'(t)|$，因此

$$V(t) = \lim_{\Delta t \to 0} \frac{S(t+\Delta t) - S(t)}{|\Delta t|}$$

$$= \lim_{\Delta t \to 0} \frac{S(t+\Delta t) - S(t)}{|r(t+\Delta t) - r(t)|} \cdot \frac{|r(t+\Delta t) - r(t)|}{|\Delta t|}$$

$$= |r'(t)|$$

因此，向量方向沿轨迹的切线方向，而它的值是点的线性速度。设 τ 是向量单位，沿着运动方向的切线，得到 $r'(t) = V(t)\tau$，这里 $V(t) = r'(t)$ 是点的速度向量(或者只是速度)。

如果以点 O 为坐标原点，那么点 P_t 的坐标是向量坐标 $r(t) = \overrightarrow{OP_t}$。

若向量 $r(t)$ 的长度为1，按单位角速度均匀旋转，并假设当 $t=0$ 时这个向量的方向沿着横坐标轴的方向，则有

$$r_x(t) = \cos t, \quad r_y(t) = \sin t$$

因此向量 $V(t) = r'(t)$ 由向量 $r(t)$ 旋转 $\frac{\pi}{2}$ 角得到(图19)，得

$$r'_x(t)=\cos\left(t+\frac{\pi}{2}\right), \quad r'_y(t)=\sin\left(t+\frac{\pi}{2}\right)$$

而这意味着：$(\cos t)'=-\sin t, (\sin t)'=\cos t$。

重复微分的结果得到类似的推理：

$$(\cos t)''=-\cos t, \quad (\sin t)''=-\sin t$$

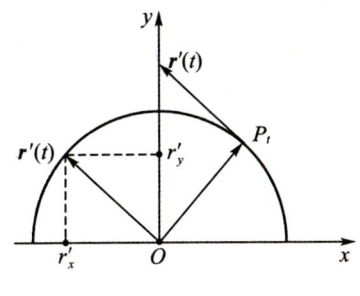

图 19

作业 证明：$(\cos kt)''=-k^2\cos kt, (\sin kt)''=-k^2\sin kt$。

请注意，函数 $\cos kt$ 和 $\sin kt$ 满足相同的微分方程 $f''(t)=-k^2\cdot f(t)$。

所有论述过程对于实参数的实函数微分公式来说，就是增加了两个公式

$$(\sin t)'=\cos t, \quad (\cos t)'=-\sin t$$

动点 P_t 的速度 $\boldsymbol{r}'(t)$ 是向量函数。它的导数被称为点的

加速度。

值得注意的结论：如果 $V(t)=\dfrac{\mathrm{d}r(t)}{\mathrm{d}t}=0$，那么相应的点 P_t 是特殊的轨迹。如果这些导数 $r''(t)=\dfrac{\mathrm{d}^2 r(t)}{\mathrm{d}t^2}$，$r'''(t)=\dfrac{\mathrm{d}^3 r(t)}{\mathrm{d}t^3}$，…至少有一个非零，那么曲线都是同一个点 P_t 的切线。另外如果 $\dfrac{\mathrm{d}^2 r(t)}{\mathrm{d}t^2}\neq 0$，那么点 P_t 一定是尖点曲线——轨迹是鸟嘴的形状（类似于两个相关的四分之一圆）。

（刘岩瑜译，姚芳校编）

埃拉托斯特尼筛法[①]

埃氏筛法[②]这个漂亮的形式借自马丁·加德纳的《数学娱乐》(莫斯科世界出版社,1972)[③]。图 1 中所有未被(深色和浅色的线条)划去的数,除了 121,都是素数。请解释,为什么?

练习 1 为了得到小于 1 000 的素数列表,需要"筛掉"被 2,3,5,7,11,⋯ 整除的数。这个用作"筛子"的素数列表在哪儿停止?

如果要得到小于 10 000 的素数列表,上一问的答案又有怎样的改动?

[①]本文原载《量子》杂志 1974 年 1 月号。
[②]参见《量子》杂志 1973 年 4 月号第 71 页。
[③]1972 年,莫斯科世界出版社翻译出版的《Математические досуги》是马丁·加德纳 3 本著作的合集。这 3 本书的英文原名分别是 *Martin Gardner's New Mathematical Diversions from Scientific American*,*Unexpected Hangings and Other Mathematical Diversions* 与 *The Sixth Scientific American Book of Mathematical Puzzles and Diversions*。其中第二册由上海教育出版社在 2003 年出了中文版。文中所述埃氏筛法的加德纳版本出现在俄译本第 34 章。——译者

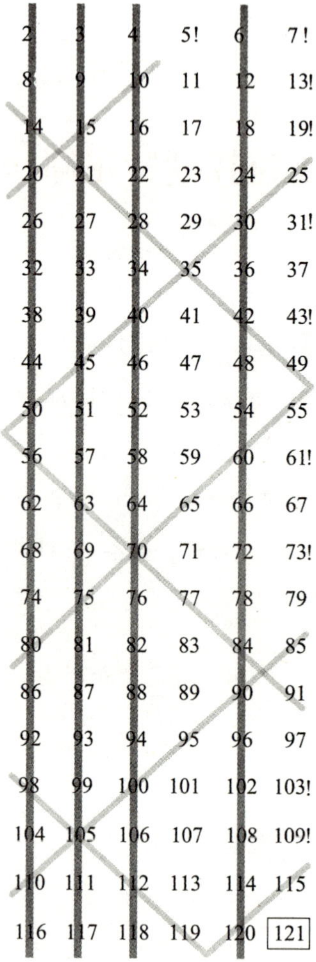

204 | 我是怎么成为数学家的

```
 2   3   4   5!  6   7!
 8   9  10  11  12  13!
14  15  16  17  18  19!
20  21  22  23  24  25
26  27  28  29  30  31!
32  33  34  35  36  37
38  39  40  41  42  43!
44  45  46  47  48  49
50  51  52  53  54  55
56  57  58  59  60  61!
62  63  64  65  66  67
68  69  70  71  72  73!
74  75  76  77  78  79
80  81  82  83  84  85
86  87  88  89  90  91
92  93  94  95  96  97
98  99 100 101 102 103!
104 105 106 107 108 109!
110 111 112 113 114 115
116 117 118 119 120 |121|
```

图 1

图 1 中的感叹号用于标记"孪生"①素数对。在我们的图中共有 9 对。

众所周知,素数有无穷多个。可是无人知晓孪生素数对所成之集合是有限集还是无限集。

练习 2 头两对孪生素数 (3,5) 和 (5,7) 有公共元素 5。第 2 对与第 3 对孪生素数 (11,13) 之间的"距离"为

$$11-7=4$$

第 3 对与第 4 对孪生素数 (17,19) 之间的"距离"为

$$17-13=4$$

第 4 对与第 5 对孪生素数 (29,31) 之间的"距离"为

$$29-19=10$$

证明:往后孪生素数对之间的距离绝不会小于 4。

(吴帆译)

---

① 参见《量子》杂志 1973 年 5 月号第 56 页。

数学中的无穷[1]

"数学中的无穷本身不能用数学抽象来解释,只能用现实说明,当然,数学中的无穷本身就取自于现实。"[2]而对于数学无穷的物质基础,只有在有限的辩证统一中,才能理解它。对于任何数学理论,我们都要求它自身具有内在和形式上的一致性,因此,我们就面临着如何把这种一致性要求与现实中的无穷在本质上进行无矛盾的结合的问题。

"排除这种矛盾的就是无穷的终结"[3],可以这样解释这个问题。

在极限理论中,无穷极限 $\lim a_n = \infty$,或在集合论中,不同的无穷为 $\aleph_0, \aleph_1, \cdots$。如此这样就不会引起任何内在与形式上的矛盾。因为数学中这些无穷的各种不同形态只是现实世界中无穷性的不同方面的抽象简化反映。

---

[1] 本文译自:柯尔莫戈洛夫.苏联大百科全书.2版.1954,5卷:73-74.(Большой Советской Энциклопедии——второе издание-БЭС-2,—1954-Т.5-С. 73-74.)
[2] 恩格斯.辩证法与自然科学.
[3] 恩格斯.反杜林论.

本文的目的在于阐述数学中导致无穷的各种方法,更详尽的说明见其他论文。

(1) 无穷小和无穷大变量的概念是数学分析中的基本概念之一。从文章《无穷小》①可以看到,关于数学中的无穷这个问题,在现代理论建立之前,人们认为无穷多个无穷小的"不可分元"组成有限量,还没有将那些"不可分元"理解成变量,只是将它们看成任意不变的极小有限量。这种昔日观点可以作为把无穷不合理地从有限分割而得的量的一个实例。只有把有限量理解成项数无穷增多而各项无穷减少的组合量时,它才是一个具有现实意义的解释。

(2) 在合乎逻辑的其他情形中,在数学中无穷都以"虚拟的"无穷远几何直观形式出现。比如,在这种情形下,直线 l 上的无穷远点被看作特殊的固定的东西,并被"归类"到了通常的端点中。另外,甚至在直线 l 外的中心射影中也显示出了无穷与有限的密切关系,并且,此时经过射影中心平行于原直线 l 的直线对应于无穷远点。

在实数系中,从分析和实变数函数理论一致性出发,还需要补充两个"虚拟的"数 $+\infty$ 和 $-\infty$,这种补充也要具备类似的性质。自然数 $1,2,3,\cdots$ 的补充超穷数 $\omega,\omega+1,\cdots,2\omega,$

---

① 作者的另一篇文章。中文译文刊于 1954 年 3 月号《数学通报》。——译者

$2\omega+1,\cdots$,也要用同一观点来理解。

一方面,无穷小量与无穷大量是在变化中的;另一方面,又有与此有区别的当作常数的"虚拟"无穷大数。因此,就产生了术语"潜在的"无穷(指前者)和"实在的"无穷(指后者)。这样,在过去的理解(关于现在的另外理解参见本文后面内容)中,潜无穷与实无穷观点的持有者之间的争辩,就可以结束了。

无穷小与无穷大是导函数(当作无穷小之比)与积分(当作无穷多个无穷小之和)定义的基础,也是数学分析的基本概念,可以把无穷小与无穷大理解为"潜在的"。当然,在合乎逻辑的规定情况下,数学中引入"实在的"无穷大"虚拟"数也是合理的(同样,在别的许多情形中,例如,在集合论中的超穷基数与超穷序数中,在实数系中,虚拟元素的$+\infty$和$-\infty$等,都是合理的)。

在工科高等学校和师范大学课程体系中的课程,像数学分析的基本原理、实变函数论、复变函数论和射影几何等课程中所展示的,需要一种方法把两种无穷"虚拟"元素引入到数系中。

本文会比较详细地说明这两种数系的互补方法的形式是一致的。

(1) 从射影几何的角度来看,每一直线上有一无穷远点。在通常的度量坐标系中,该点自然具有横坐标∞。在复变函数论中,在数系中也用同一方法引入一个没有符号的无穷。在初等分析中,设 $P(x)$ 与 $Q(x)$ 为多项式,研究有理函数 $f(x)=\dfrac{P(x)}{Q(x)}$ 在 $Q(x)$ 具有比 $P(x)$ 较高级的零点的那些点上时,令 $f(x)=\infty$ 也是自然的。

对于虚拟元素∞,我们设有下面的运算规则:

若 a 为有限数,$\infty+a=\infty$;$\infty+\infty$ 无意义;若 $a\neq 0$,$\infty\cdot a=\infty$;$\infty\cdot 0$ 无意义。关于含有∞的不等式,讨论∞比有限数 a 大或小是无意义的。

(2) 在研究实变函数论时,在实数系中,常常补充两个虚拟元素 $+\infty$ 和 $-\infty$。如果讨论涉及有关不等式问题时,也会取此处的第二种扩充方法。这时,对任意有限数 a,可以肯定 $-\infty<a<+\infty$,并且,扩充后的数系中,不等式的基本性质保持不变。

并且,对于 $+\infty$ 和 $-\infty$ 建立以下的运算规则:

若 $a\neq -\infty$,$(+\infty)+a=+\infty$;若 $a\neq +\infty$,$(-\infty)+a=-\infty$;$(+\infty)+(-\infty)$ 无意义;

若 $a>0$,$(+\infty)\cdot a=+\infty$;若 $a<0$,$(+\infty)\cdot a=-\infty$;

若 $a>0$，$(-\infty)\cdot a=-\infty$；若 $a<0$，$(-\infty)\cdot a=+\infty$；$(+\infty)\cdot 0$ 和 $(-\infty)\cdot 0$ 无意义。

在数学理论中，应明确指出，该理论中应用的是（未扩充的）真的数系，还是扩充后的数系，以及是在上述两种方法中，哪一种方法下扩充的数系。

(3) 集中在数学对象的无穷集合之性质的问题，是有关"无穷"的数学理论的焦点问题，也是研究的难点。需要特别指出，含有数系且具有无穷概念的数系的基础问题理论中，无穷大与无穷小变量的理论可以帮助我们认识那些主要性和困难性，现在都已经清楚了。

当 y 是无穷小，仅在 y 的变化方式是依赖于某一其他变量 x 时有意义。

例如，对于任意 $\varepsilon>0$，存在 $\delta>0$，使得当 $|x-a|<\delta$ 时，必有 $|y|<\varepsilon$，则称 y 为当 $x\to a$ 时的无穷小。

此定义中就已含有假设，并且函数 $y=f(x)$ 是定义于 x 的值的无穷集合（例如，对于足够接近于 a 的所有实数 x）上。

关于数学中的无穷集合，可详细参阅集合论。集合论中，目前通常使用术语"实无穷"与"潜无穷"，它们具有与每一不同无穷的所谓"实在无穷数"无任何共同点的深刻意义。

本质上，数学中，有限对象所成的体系可以简单地枚举出来，而数学对象的无穷体系（如自然数系或实数系）却不能。比如说，某人在实际中一个一个地列举出全部自然数后"组成"自然数集合，这显然是荒谬的。

事实上，自然数集合组成其元素的过程是以由 n 到 $n+1$ 为依据的。而在实数闭集情形中，是由一个元素——实数——的讨论引出组成其连续近似值的过程，是研究对实数的整个集合的讨论，引出组成实数集其元素的一般性质的过程。

在这种意义上，自然数系或全部实数系（闭连集）的无穷，自身就只能描述为"潜在的"无穷。"潜无穷"是相对于"实在"提出的，不依赖于其组成过程，也不与无穷集合的观点相对立。在研究无穷集合时，在什么范围内和在怎样的条件下，其组成过程的这种抽象会是合理的，关于这个问题的概述，目前还不能认为已经完全清楚了。

（姚芳译）

正多边形镶嵌[1]

什么是镶嵌?

如果平面被划分为如图 1(a)所示的一些全等正方形,那么我们就得到最简单也最乏味的镶嵌。[2] 此处两个正方形或者共一条边,或者共一个顶点,或者完全没有公共点。

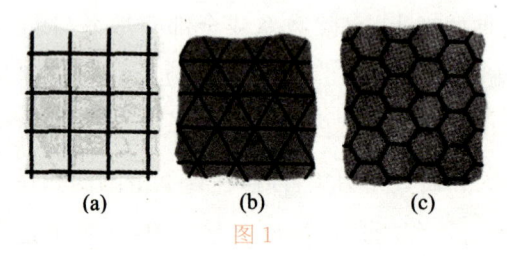

(a)　　　(b)　　　(c)

图 1

镶嵌是指用正多边形覆盖平面,使得任意两个多边形或者有一条公共边,或者有一个公共顶点,或者完全没有公共点。

很可能你已经见过由正八边形与正方形组成的镶嵌

---

[1] 本文原载《量子》杂志 1970 年 3 月号。
[2] 镶嵌,也叫镶拼、填充或者细分。——译者

[图 2(a)]。正六边形、正方形与等边三角形可以组成美丽的镶嵌[图 2(b)]。

如果足够对称,镶嵌会产生令人愉悦的印象。图形称作是"对称的",如果能够以某种"不平凡"的方式与自身重合。(所有点都在原地不动的重合方式称为"平凡的"。)

例如,在图 2(b)中由正六边形、正方形与等边三角形组成的镶嵌中,顶点和边组成的整个网格围绕任一正六边形的中心旋转 60°,我们就得到与原先一模一样的顶点和边构成的网格。此镶嵌的每个正六边形的中心都是"6 阶对称中心"。[①]

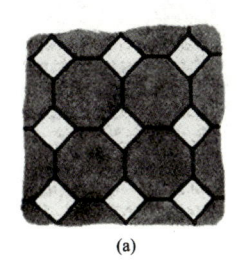

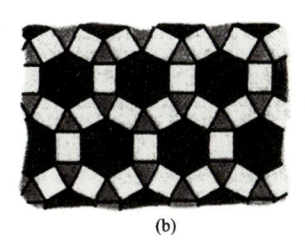

图 2

练习 1 找出图 2(a)所示的镶嵌中的所有 4 阶、3 阶与 2 阶对称中心。

[①] 点 O 称为某个图形的 n 阶对称中心,如果这个图形围绕点 O 旋转 $\frac{360°}{n}$ 时能与自身重合。

什么是正则镶嵌？

从对称的视角看，我们对镶嵌给出的定义不太令人满意。这个定义允许不具备任何对称性的镶嵌。取一个通常的六边形镶嵌[图 1(c)]，把其中某些六边形分割成六个三角形，就"破坏"了它的对称性。容易理解，所得的结果仍然是在上文定义意义下的"镶嵌"。但是可以证明（试证之。），分割，比方说如图 3 所示的三个六边形，并且保持所有其他六边形不变，我们就得到一个完全没有任何对称性的镶嵌。为了消除不够漂亮、不够对称的镶嵌，我们引入如下定义：

镶嵌称为正则的，如果当任一指定的顶点重合于另外任一指定的顶点时该镶嵌能够与自身重合。

图 3

练习 2 证明：图 1 与图 2 中表示的镶嵌都是正则的，并且尝试独立构造更多正则镶嵌。

中心任务

人们发现正则镶嵌的花样可以完全确定。如果给定镶嵌中的多边形边长 h，那么仅存在有限多个不同的（彼此不能重合的)正则镶嵌。到底有几个,我不告诉你。

将它们全部列举出来,并且据此回答有关它们数目的问题——这就是你们必须完成的中心任务。

若干提示

解决这个任务的自然起点是从研究镶嵌的顶点的排列方式开始。正 n 边形有 n 个外角(图 4),其和等于 4 个直角(请自行确认)。因此正 n 边形的每个内角等于

$$\alpha_n = 2d - \frac{4d}{n} = 2\left(1 - \frac{2}{n}\right)d \ ①$$

在镶嵌的每个顶点处,在该顶点汇聚的多边形的内角之和等于 $4d$。因此,有

$$\alpha_3 = \frac{2}{3}d, \quad \alpha_4 = d$$

$$\alpha_6 = \frac{4}{3}d, \quad \alpha_8 = \frac{3}{2}d$$

对于图 1 和图 2 所示的镶嵌,有

$$4\alpha_4 = 4d$$

---

① d 表示一个直角。——译者

$$6\alpha_3 = 4d$$

$$3\alpha_6 = 4d$$

$$\alpha_4 + 2\alpha_8 = 4d$$

$$\alpha_3 + 2\alpha_4 + \alpha_6 = 4d$$

在一般情形,用 m_n 标记在一个顶点处相邻的 n 边形的个数,则我们得到

$$\sum m_i \alpha_i = 4d \qquad (1)$$

其中我们在求和项加上了下标 i,且

$$m_i > 0, \quad \alpha_i = 2\left(1 - \frac{2}{i}\right)d$$

我们的第一个任务就是找出方程(1)的满足整数 $m_i > 0$ 的全部解。方程(1)两边同时除以 $2d$,就可以写成更方便的形式:

$$\sum m_i \left(1 - \frac{2}{i}\right) = 2 \qquad (2)$$

对于方程(2)的每组解,再来研究在一个顶点处相邻的多边形相应的位置关系。例如,解 $m_3 = 1, m_4 = 2, m_6 = 1$,

$$\left(1 - \frac{2}{3}\right) + 2\left(1 - \frac{2}{4}\right) + \left(1 - \frac{2}{6}\right) = 2$$

对应于在每个顶点处有一个三角形、两个正方形和一个六边形汇聚的情形。容易按照两种本质上不同的方式来排布

(图 5)。但是容易证明(请证明!)图 5(b)的排布方式不对应于任何正则镶嵌。

提示给得够多了。好好完成任务!

图 5

（吴帆译）

变换群[①]

这篇短文意在为本刊后面萨多夫斯基与阿尔什诺夫合写的文章《群》提供一个易懂的导引,同时沟通《群》文与新教科书之间的联系。

按照新大纲,五年级学生要学习"集合到集合的映射"概念。在六年级他们要学习"可逆映射"概念。(对《量子》的读者来说另一个熟悉的名称是"一一对应"。)

每个可逆映射都有一个逆映射。例如,围绕点 O 朝逆时针方向做 $70°$ 的旋转,记作 $R_O^{70°}$(图1),它自身有个逆映射,仍然是围绕同一点 O 做 $70°$ 的旋转,但是顺时针方向。在新几何教科书上这个旋转被记为 $R_O^{-70°}$(围绕点 O 做 $-70°$ 的旋转)。

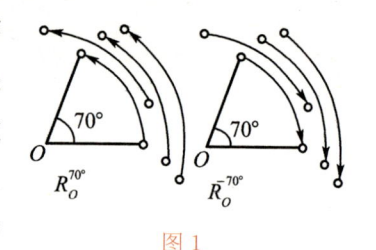

图1

[①] 本文原载《量子》杂志 1976 年 10 月号。

七年级和八年级学生会学习"映射的复合"概念。例如，考虑平面上的两个运动，也即平面到其本身上的两个保持距离的映射。第一个运动我们取关于 x 轴的轴对称 S_x，第二个运动我们取关于 y 轴的轴对称 S_y，y 轴与 x 轴垂直（图2）。如果我们依次作用这两个映射，先 S_x 后 S_y，会得到什么？

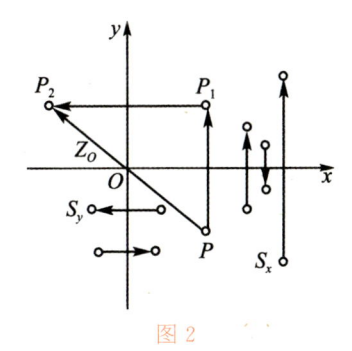

图 2

点 P 在轴对称 S_x 下映射到它关于 x 轴的对称点 P_1，而在轴对称 S_y 下点 P_1 又映射到点 P_2。这句话可以记成等式的形式：

$$P_2 = S_y[S_x(P)]$$

另一方面，点 P_2 可以通过点 P 关于中心 O——直线 x 与 y 的交点——做中心对称 Z_O 直接得到：

$$P_2 = Z_O(P)$$

自行证明：对于平面上任意点 P，有

$$S_y[S_x(P)]=Z_O(P)$$

(假定有如前述,直线 x 与 y 互相垂直并且相交于点 O。)

我们说,映射 Z_O 是映射 S_x 和 S_y 的"合成";这个事实表记为

$$Z_O=S_y \circ S_x$$

这里小圆圈。是映射间的运算符号。正如对一对数运用加法(符号+)或者乘法(符号×)就给出一个新的数

$$c=a+b, \quad d=a\times b$$

对两个映射应用复合运算,就产生一个新的映射。

我们取某个集合 M 到其自身上的可逆映射,这样的映射称为"集合 M 的变换"。作为例子,我们可举出平面运动、位似变换、相似变换。

令集合 M 为一平面。考虑该平面上全部运动所成之集合 G,也即从平面 M 到其自身上所有保持距离的映射 F 组成的集合:对于平面上任意两点 P 和 Q,有

$$|F(P)F(Q)|=|PQ|$$

所有运动都是可逆的,因此按照前述术语它们是平面变换。

我们的集合 G 具备两个有趣的性质:

(1)集合 G 中两个变换的复合属于 G，也即两个运动的复合仍然是运动；

(2)集合 G 中变换 F 的逆变换也永远在 G 中，即运动的逆变换也还是运动。

定义 具备性质(1)和性质(2)的集合 A 的变换的全体，称为集合 A 的变换群。

由前所述，平面上全体运动所成之集合可以充当平面变换群的例子。另一个例子是全部相似变换所成的集合。

不过还有简单得多的例子。比方说，考虑将等边三角形 ABC(图 3)映射到其自身上的所有运动所成之集合 G_1。易见有 6 个这样的运动：

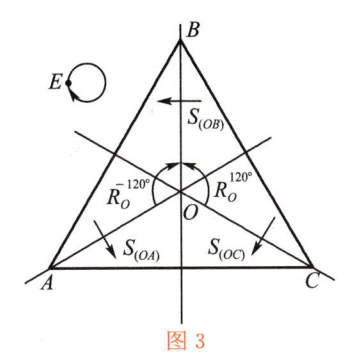

图 3

(1)恒等映射 E 将平面上任一点 P 映射到它本身；

(2)围绕三角形的中心 O 朝逆时针方向做 120° 旋

转 $R_O^{120°}$；

（3）围绕三角形的中心 O 朝顺时针方向做 $120°$ 旋转 $R_O^{-120°}$；

（4）轴对称 $S_{(OA)}$。

（5）轴对称 $S_{(OB)}$。

（6）轴对称 $S_{(OC)}$。

练习 1 证明集合 G_1 恰好由如上所列的 6 种运动组成。

练习 2 验证运动 $E, S_{(OA)}, S_{(OB)}, S_{(OC)}$ 中的每一个都与自身互逆，而运动 $R_O^{120°}$ 与 $R_O^{-120°}$ 彼此互逆。

练习 3 验证并填充表 1，即集合 G_1 中的"复合"。

表 1

∘	E	$S_{(OA)}$	$S_{(OB)}$	$S_{(OC)}$	$R_O^{120°}$	$R_O^{-120°}$
E	$E \circ E = E$	$E \circ S_{(OA)} = S_{(OA)}$	$E \circ S_{(OB)} = S_{(OB)}$	$E \circ S_{(OC)} = S_{(OC)}$	$E \circ R_O^{120°} = R_O^{120°}$	$E \circ R_O^{-120°} = R_O^{-120°}$
$S_{(OA)}$	$S_{(OA)} \circ E = S_{(OA)}$	$S_{(OA)} \circ S_{(OA)} = E$	$S_{(OA)} \circ S_{(OB)} = R_O^{-120°}$			
$S_{(OB)}$		$S_{(OB)} \circ S_{(OA)} = R_O^{120°}$				
$S_{(OC)}$						
$R_O^{120°}$						
$R_O^{-120°}$						

解练习 2 和练习 3 的时候请判断集合 G_1 是否具备变换群定义中的性质(1)和(2),也即判断 G_1 是不是平面变换群。可以证明更一般的事实:将某个给定的图形 Φ 映射到它本身的全体平面运动所成之集合 G_Φ 是平面变换群。证明不难(做做看!)。群 G_Φ 称作图形 Φ 的对称群。

从集合 G_1 的复合表中我们可以看到,运动的复合并非总是可以交换的:

$$S_{(OA)} \circ S_{(OB)} = R_O^{-120°} \neq R_O^{120°} = S_{(OB)} \circ S_{(OA)}$$

然而可以证明,集合 M 的变换的复合永远满足结合律:

$$F_3 \circ (F_2 \circ F_1) = (F_3 \circ F_2) \circ F_1$$

(试证之。)

任何将三角形 ABC 映射到自身的运动,依表 2 所示将三角形的顶点集合 $U=\{A,B,C\}$ 映射到其本身。

表 2 的最底下一行是集合 U 到其本身映射的符号。例如,函数 s_2(记住:映射与函数是同义词!)由下列等式完全确定

$$s_2(A)=C, s_2(B)=B, s_2(C)=A$$

它的定义域是集合 U,值域也是集合 U。当然,切勿将它与映射 $S_{(OB)}$ 混淆,那是将平面 M 映射到它本身的!

变换 $e, s_1, s_2, s_3, r_1, r_2$ 组成了集合 U 的变换群 G_2。

表 2

x	$E(x)$	$S_{(OA)}(x)$	$S_{(OB)}(x)$	$S_{(OC)}(x)$	$R_O^{120°}(x)$	$R_O^{-120°}(x)$
A	A	A	C	B	C	B
B	B	C	B	A	A	C
C	C	B	A	C	B	A
	e	s_1	s_2	s_3	r_1	r_2

练习 4 写出群 G_2 的复合表。对它的每个元素求逆元。

运动群 G_1 和刚刚定义的群 G_2 在某种意义上可以说"有一模一样的结构"。它们是"同构的"。怎样用严格的数学语言表达这句话的含义，将会在 L. 萨多夫斯基与 M. 阿尔什诺夫的文章中学到。

练习 5 以类似的方式研究：

a. 线段 AB 的对称群；

b. 正方形 $ABCD$ 的对称群。

（吴帆译）

关于希尔伯特第十问题的解答[①]

《量子》杂志第三期[②]报道了年轻的列宁格勒数学家 Yu. V. 马季亚谢维奇的辉煌成就：不久前他对解决 1900 年希尔伯特提出的著名的"希尔伯特问题"之一一锤定音。马季亚谢维奇的工作发表在《苏联科学院院报》上[③]。这非常罕见——这位刻苦钻研的同学能够独立完成这项对当代数学科学意义重大的工作的主要部分。特别要指出，马季亚谢维奇工作的原创部分都献给了定理的证明，他的表述十分初等，本文就是一个简化版本。证明的方法也是初等的。可是很难用通俗易懂的语言解释为什么这个关于斐波那契数的定理对于严肃的数学科学举足轻重。从表述和证明方法看来它更像一道奥赛题。

[①] 本文原载《量子》杂志 1970 年 3 月号，作者为 F. P. 瓦尔帕霍夫斯基、柯尔莫戈洛夫。
[②] 这是指 1970 年第 3 期由 Yu. A. 加斯捷夫编发的报道。Yu. V. 马季亚谢维奇从 1965 年开始研究希尔伯特第十问题，1970 年 1 月取得最终突破。——译者
[③] Yu. V. 马季亚谢维奇. 可枚举集合的丢番图性质. 苏联科学院院报，1970，191(2)。——译者

关于斐波那契数的定理

在下文中我们的讨论范围仅限定为整数。试考虑数对 (a,b) 的如下性质

"b 被 a 整除"

数对的这个性质也可以这样表述

"存在数 x,使得 $ax-b=0$"

方才我们把数对 (a,b) 的那条性质表达成了方程 $ax-b=0$ 解的存在性。(回忆一下,我们仅讨论整数,就是说只考虑整数解。)这个方程具有这样的形式

$$P(a,b,x)=0$$

其中 P 是三个变量 a,b,x 的多项式。

现在引入更一般的定义。有穷数列 $(a_1,a_2,\cdots,a_m)$ 的性质称作丢番图的,如果存在 $m+n$ 个变量的多项式

$$P(a_1,a_2,\cdots,a_m;x_1,x_2,\cdots,x_n)$$

使得数列 $(a_1,a_2,\cdots,a_m)$ 具有这条性质当且仅当存在数 $x_1,x_2,\cdots,x_n$,使得

$$P(a_1,a_2,\cdots,a_m;x_1,x_2,\cdots,x_n)=0$$

马季亚谢维奇的主要成就正是证明数对 (a,b) 具有某些特殊性质的丢番图性。

许多读者都熟悉斐波那契数：

$\Psi_0 = 0$

$\Psi_1 = 1$

$\Psi_2 = \Psi_0 + \Psi_1 = 1$

$\Psi_3 = \Psi_1 + \Psi_2 = 2$

$\Psi_4 = \Psi_2 + \Psi_3 = 3$

$\Psi_5 = \Psi_3 + \Psi_4 = 5$

$\vdots$

这是由递推关系

$$\Psi_{n+1} = \Psi_{n-1} + \Psi_n$$

定义的一个无穷数列。

马季亚谢维奇研究的数对 (a,b) 的性质如下：

"b 是第 $2a$ 个斐波那契数"，也即 $b = \Psi_{2a}$。

显然数对 $(0,0),(1,1),(2,3),(3,8)$ 等具备这个性质。

数对 (a,b) 的马季亚谢维奇性质是丢番图的，这个陈述意味着存在多项式

$$Q(a,b,x_1,x_2,\cdots,x_n)$$

使得 b 是第 $2a$ 个斐波那契数当且仅当存在数 $x_1,x_2,\cdots,x_n$，使得

$$Q(a,b,x_1,x_2,\cdots,x_n)=0$$

正系数多项式 Q 原则上可以显式地写出来。马季亚谢维奇没有这么做,甚至都没有指明附加变量的个数 n。

至于他所表述的定理证明,如前所述,是完全初等的。马季亚谢维奇引用了 N. N. 沃洛别耶夫的中小学读物《斐波那契数》中证过的一条引理,以及 A. I. 马尔科夫的一本更学术性的书中的一个结果,不过这个结果也是初等的。马季亚谢维奇的工作中有 19 条引理没有给出证明,不过其中每一条引理的证明都是中学程度不算难的常规练习。困难之处只是在于找到导向最终目标的初等命题组合。

为什么这一切如此重要?

如果马季亚谢维奇多项式 Q 对数学家做某种计算确实非常必要的话,那么马季亚谢维奇大概不会懒得把它明显地写出来。但事实上,对马季亚谢维奇而言,斐波那契数只是辅助工具,凭此建立若干极其一般且重要的法则。

对于马季亚谢维奇性质的情形,存在一种非常简明而规则的方法(算法),可以依次写出所有具备此性质的数对

$$(0,0),(0,1),(2,3),(3,8),(4,21),(5,55),\cdots$$

因为这些数对组成了无穷集合,所以枚举过程永无终止。然

而我们有一个法则，照此法则，这些数对可以一个接一个地写出来，并且确保：

①只会写出具备马季亚谢维奇性质的数对；

②任何具备马季亚谢维奇性质的数对迟早会被写出来。

有穷数列 $(a_1, a_2, \cdots, a_m)$ 的性质（更学术地说法是"谓词"）称作可枚举的，如果存在一个法则，凭借此法则的反复应用，逐项产生一个必然具备给定性质的数列，并且具备此性质的任何数列，或迟或早都会从这个法则中产生。

从现代观点看，关于斐波那契数的马季亚谢维奇定理的最重要的推论是：

定理 1　有穷数列的任何可枚举性质都是丢番图的。

直到 1961 年这条定理看起来还是出乎意料的。不过 1961 年由戴维斯、普特南和鲁滨逊证明的某个较弱的结果已经使得这样的假设不是那么不可思议。数学家为了证明这个假设付出了巨大努力。马季亚谢维奇正是利用了若干某些人所称的"化归"，将问题归结到更特殊的几个情形。然而将一切归结到斐波那契数的性质，这样的想法在 1970 年的条件下还是意想不到的。

因此，马季亚谢维奇的巨大成功就在于把对现代数学的大问题、专门领域的深奥知识的理解与为求解特殊问题而寻找出乎意料却完全初等的路径的艺术统一起来。

马季亚谢维奇在何种意义上解决了希尔伯特第十问题？

希尔伯特第十问题是围绕着形如

$$P(x_1, x_2, \cdots, x_n) = 0$$

的方程展开的，其中 P 是整系数多项式。① 多项式 P 的次数也称为这个方程的次数。当问题在于寻求整数解时，这类方程称为"丢番图方程"。例如，方程

$$x^2 + y^2 = 1$$

有四组整数解

$$x = \pm 1, \quad y = \pm 1$$

而方程

$$x^2 + y^2 = 3$$

在整数范围内没有解。

现在我们引用希尔伯特的原话加以说明：

---

① 关于希尔伯特问题的更进一步信息请参阅大卫·希尔伯特著的《数学问题》，科学出版社，1969 年。——译者

"假设给定了有任意多个变量的任一丢番图方程……，要求指定一个一般的步骤，照此步骤可以在有限步之内判断原方程在整数范围内是否有解。"

希尔伯特看来坚信所要求的一般方法确实存在，全部问题仅仅在于找到它。人们耗费了大量努力以寻求此法，却没有获得任何有希望的结果。

关于任意方程整数解的问题容易归结到关于自然数（非负整数）解的问题。而且完全不难证明，只需将讨论限制在次数不高于 4 的丢番图方程。对于次数不高于 2 的丢番图方程，所求的一般方法已经找到，然而所有努力对 3 次丢番图方程都未奏效。

屡战屡败之间，这个研究方向的前方升起了疑云：希尔伯特原先的表述中所要求的一般方法压根儿就不存在！有很多性质类似的其他问题最后也都发展成这般局面。可是，要找到所要求的一般方法只需要做到一件事——只要直截了当地给出这个方法并且确保它满足希尔伯特提出的全部条件。

而为了证明求解这一系列问题的一般方法不存在，就要求给出下列事项的精确定义：这里所说的"一般方法"是什么意思？它要怎样以及用什么方法实现？

19 世纪 30 年代早期,在美国学者丘奇与英国科学家图灵的著作中建立起了相关的定义。这些定义为算法理论奠定了基础。回望来路,数学家真应当对希尔伯特第十问题心存感念,因为它是催生这个理论的激励之一。

"可枚举性"的精确定义正是在算法论[①]的框架中得到的,我们在前一节用过这个定义。

人们发现,从"有穷数列的任何可枚举性质都是丢番图的"可以推出:

定理 2 不可能存在对于任意给定的丢番图方程都能判定是否存在整数解的一般方法(算法)。

马季亚谢维奇从他的定理——数对 (a,b) 的特殊性质
$$b = \Psi_a$$
是丢番图的——出发,给出了定理 1 的证明;如我们所知,从定理 1 出发又能推导出定理 2,于是希尔伯特第十问题得到了否定解答。

要透彻理解前文所述的一切,读者只需要补充关于下列两个事项的明晰知识:什么是"算法"(解决无穷多个问题的一般方法)以及什么是"可枚举性"(可枚举谓词)。不过这已

[①] 这门学科比较通用的旧名称是"递归论",如今比较时髦的名称是"计算理论"或"可计算性理论"。——译者

经是困难太多的话题。

算法论的若干定义与结论

(1)在定义于自然数集 **N** 且取自然数值的所有函数中按照如下方式区分出一类原始递归函数。

考虑函数 $S(n)=n+1$ 与 $g(n)=n-p$,其中 $p^2 \leqslant n < (p+1)^2$。从函数 $f(n)$ 与 $g(n)$ 出发构造函数 $h_1(n)=f(n)+g(n)$(加法操作),$h_2(n)=f(g(n))$(复合操作),并且从一个函数 $f(n)$ 出发可以用等式 $h_3(0)=0, h_3(n+1)=f(h_3(n))$ 定义新的函数 h_3(迭代操作)。原始递归函数类由函数 S,g 以及从 S,g 出发经过有限多步加法、复合与迭代可以得到的全部函数组成。[①]

例1 我们来证明函数 $\varphi(n)=2n$ 与 $\psi(n)=2n+1$ 是原始递归函数。首先对函数 $S(n)=n+1$ 应用迭代操作。于是有 $h(0)=0$,$h(n+1)=S[h(n)]=h(n)+1$。从而 $h(n)=n$,对每个等于 $h(n)$ 的两个函数应用加法操作就得到 $\varphi(n): \varphi(n)=h(n)+h(n)=n+n=2n$。最后,对函数 $S(n)=n+1$ 与 $\varphi(n)=2n$ 应用复合操作就得到函数 $\psi(n): \psi(n)=S[\varphi(n)]=S(2n)=2n+1$。

[①] 此段表述与通行定义略有出入。——译者

(2) 一些自然数组成的集合 M 称为可枚举的,[①]如果它重合于某个原始递归函数的值域。

例如,偶数集合是可枚举的,因为它是原始递归函数 $\varphi(n)=2n$ 的值域。奇数集合重合于原始递归函数 $\psi(n)=2n+1$ 的值域,因而是可枚举的。

(3) 集合 M 称作可判定的,[②]若 M 本身与其补集 $\mathbf{N}-M$(此处 $\mathbf{N}$ 为全体自然数所成之集合)都是可枚举的。

作为特例,偶数集合是可判定的,因其与其补集(奇数集合)都是可枚举的。

(4) 存在可枚举但不可判定的集合。

可以给出这种集合的具体例子,只是对这篇短文的篇幅而言,有关构造在技术上过于复杂。

现假设我们已经给定了一个自然数组成的集合 M。有人可能会问,是否存在一般方法,对于每个自然数 n 都能在有限步之内决定 n 是否属于 M。算法论的主要假设(丘奇论题)宣称:这种方法(算法)存在当且仅当集合 M 是可判定的。

[①] 为了不致与集合论中的"可列"或曰"可数"概念混淆,通行术语往往说成"计算可枚举"或者"递归可枚举";基于下一条定义,也常常说成"半可判定""可证明""图灵可识别"。——译者
[②] 常用术语还有"递归的""可计算的"。——译者

为了否定解决希尔伯特第十问题，只需要证明每个可枚举集合的丢番图性，也即对于每个可枚举集合 M 都可以构造一个丢番图方程 $P(y, x_1, x_2, \cdots, x_k) = 0$，使得该方程对于 M 中的每个元素 y 都存在自然数解 $x_1, x_2, \cdots, x_k$，并且只对这样的 y 有解。

事实上，若这个证明可以完成，那么取一个不可判定集合 M（可取为可枚举的，参见第 4 条），我们就发现对于相应的方程 $P(y, x_1, x_2, \cdots, x_k) = 0$，不存在对于每个自然数 y 都能判定这个方程自然数解存在性的一般方法（算法）。毕竟，如果有这么个方法，那么就能够在有限步内找出方程 $P(0, x_1, x_2, \cdots, x_k) = 0$ 是否有解（也即数 0 是否属于集合 M），也能够在有限步内找出方程 $P(1, x_1, x_2, \cdots, x_k) = 0$ 是否有解（也即数 1 是否属于集合 M），如此等等。从而结论就是存在一个一般方法，对于每个自然数 y 都能在有限步内判定 y 是否属于 M。然后借助于丘奇论题，M 就是可判定的，这就与这个集合的取法矛盾。

数学家做了什么？马季亚谢维奇做了什么？

19 世纪 50 年代美国数学家（R. 鲁滨逊、H. 普特南、M. 戴维斯、J. 鲁滨逊）在寻求证明可枚举集合的丢番图性时获得了一系列非同凡响、令人振奋的结果。（可枚举集合的丢番图性的假设是马丁·戴维斯提出的。）

美国学者耗费了巨大的努力,终于成功地将问题化归到证明丢番图关系式 $y=z^u$。茱莉亚·鲁滨逊甚至更进一步,证明了只需构造一个具体的方程 $R(u,v,x_1,x_2,\cdots,x_k)=0$,使其没有满足 $v>u^u$ 的解,但对每个 n 都有满足 $v>u^n$ 的解。这种方程是存在的,而且正是 Yu. V. 马季亚谢维奇把它成功地构造出来了。他给出的构造完全初等,但极其富于技巧与独创。此处需要求解一个初等数论中不同寻常的问题。确实,在数论中一般都是给定方程去研究解的性质,此处却恰好相反,已给出了解的定义性质,需要寻找满足要求的方程。

马季亚谢维奇转而考虑斐波那契数列。他留意到如果取 u 为数列偶数项的一半,而取 v 为这一项本身,那么不等式 $v>u^u$ 永远不成立;而对于任意 n 都可以找到数列中这样的偶数项使得不等式 $v>u^n$ 成立。这个事实反映在下面列出的图表中。(表上加粗了那些数 u^k 比相应的数 v 小的格子)。

一旦上述性质得以确认,马季亚谢维奇就"重整"斐波那契数列,从中剔除奇数项。就是说,他考虑由关系式 $\varphi_0=0$,$\varphi_1=1, \varphi_{n+1}=3\varphi_n-\varphi_{n-1}$ 确定的数列。结果它正与原先数列的偶数项组成的子列一模一样:$\varphi_0=0, \varphi_1=1, \varphi_2=3, \varphi_3=8$,$\varphi_4=21, \varphi_5=55, \varphi_6=144, \varphi_7=377$,如此等等。现在取 u 为新数列的序号,而取 v 数列中的第 u 项 φ_u,我们要得到 u 与 v 所满足的性质。现在来构造方程 $P(u,v,x_1,x_2,\cdots,x_k)=0$,使得存在自然数解当且仅当 $v=\varphi_u$——往后就可以引用茱莉

亚•鲁滨逊的结果！为此只需构作关于变量 $u,v,x_1,x_2,\cdots,x_k$ 的丢番图方程组 $P_1=0,\cdots,P_n=0$，使其有解当且仅当 $v=\varphi_u$——毕竟这个方程组的解与单个方程 $P_1^2+\cdots+P_n^2=0$ 的解一模一样。

数列的序号	0	1	2	3	4	5	6	7	8	9	10	11	12	13	14
数列 v 的项	0	1	1	2	3	5	8	13	21	34	55	89	144	233	377
数列 u 的一半序号——奇数序号	0	1		2		3		4		5		6		7	
u^u	1	1		4		27		64		3 125		47 256		823 649	
u^0	1	1		1	1	1		1		1		1		1	
u^1	0	1		2	3	4		5		6		7			
u^2	0	1		4	9	16		25		36		49			
u^3	0	1		8	27	64		125		216		343			

下面是马季亚谢维奇得到的所要求方程组的形式：

(1) $u+(a-1)=v$；

(2) $v+b=l$；

(3) $l^2-lk-k^2=1$；

(4) $g^2-gh-h^2=1$；

(5) $l^2c=g$；

(6) $ld=r-2$；

(7) $(2h+g)e = r-3$;

(8) $x^2 - rxy + y^2 = 1$;

(9) $lp = x - u$;

(10) $(2h+g)q = x - v$。

为了证明这个方程组的自然数解的存在性等价于关系式 $v = \varphi_u$,马季亚谢维奇利用了数列 $\{\varphi_k\}$ 的以下特征性质:一对条件 $x < y$ 与 $x^2 - 3xy + y^2 = 1$ 等价于存在 k 使得 $x = \varphi_k$ 且 $y = \varphi_{k+1}$。

感兴趣的读者请自行尝试证明此等价性。

在本文的末尾我们要指出,第十问题所寻求的解答有一系列有趣的推论。其中最有力的是:可以指定一个具体的 5 次多项式,其正整数值的集合恰好重合于全体素数所成之集合!

数学科学在自己的资产清单上又添上了一件严肃而富于教益的成就。

练习

1. 证明对于任意 k,数 φ_k 与数 φ_{k+1} 互素。

2. 证明关系式:$\varphi_{k+l} = \varphi_{k+1}\varphi_l - \varphi_k\varphi_{l-1}$。

3. 证明丢番图方程 $P(y,x_1,x_2,\cdots,x_k)=0$ 在正整数范围内有解当且仅当这个解满足方程

$$Z\{1-[P(z,x_1,x_2,\cdots,x_k)]^2\}=y$$

（吴帆译）

关于希尔伯特第十问题解答者的几句话[①]

Yu. V. 马季亚谢维奇 1947 年 3 月 2 日出生于列宁格勒。注意到这个男孩具有杰出的数学才能并引导他对数学萌生兴趣的第一人是列宁格勒市立 255 学校[②]的数学教师索菲娅·格里高利耶芙娜·盖涅尔松。马季亚谢维奇从六年级开始参加市级数学奥林匹克竞赛,总是赢得第一名。在 1961 年到 1964 年的全俄与莫斯科奥林匹克竞赛中他也一直名列优胜者。(马季亚谢维奇在莫斯科大学附属第 18 寄宿中学念完十年级。[③])从七年级到九年级,马季亚谢维奇参与列宁格勒青少年宫的数学圈活动,指导员是 LOMI(苏联科学院斯捷克洛夫数学研究所列宁格勒分部)的研究者 N. M. 米特洛范诺娃[④]。

马季亚谢维奇在第六届国际数学奥林匹克竞赛(莫斯

[①] 本文原载《量子》杂志 1970 年 3 月号,作者为 F. P. 瓦尔帕霍夫斯基、柯尔莫戈洛夫。
[②] 马季亚谢维奇在这所学校读完初中,但译者不确定起止年限。——译者
[③] 即柯尔莫戈洛夫寄宿的中学。马季亚谢维奇于 1963—1964 年在该校就读。——译者
[④] N. M. 米特洛范诺娃是数理统计学家。——译者

科,1964 年)为莫斯科拿下一块金牌。①

1964—1969 年,马季亚谢维奇是列宁格勒大学数学力学系学生。②

还在念大二的时候,马季亚谢维奇就完成了两篇数理逻辑论文,尔后发表在《苏联科学院院报》上。这些研究的主要结果由马季亚谢维奇在 1966 年的莫斯科国际数学家大会上做了报告。

现在马季亚谢维奇是 LOMI 的研究生③。马季亚谢维奇的数学创造是科学传统薪火相继的光辉典范。在大学和研究生阶段马季亚谢维奇都是年龄偏小的,然而已经是数理逻辑方面的著名专家。遵照谢尔盖·尤里耶维奇·马斯洛夫的建议,马季亚谢维奇从 1965 年 10 月开始转向希尔伯特第十问题的研究。S. Yu. 马斯洛夫的老师是尼古拉·亚历山大洛维奇·沙宁教授,沙宁教授又是苏联科学院通讯院士安德烈·安德烈耶维奇·马尔科夫最亲近的弟子。

---

①该届奥林匹克竞赛共有 9 个国家参赛,全部来自社会主义阵营。苏联获得 3 金 1 银 3 铜,总分第一。该届唯一的满分得主大卫·伯恩斯坦后来成为卓有成就的数学家。数学竞赛成了伯恩斯坦家族传承代代的光荣传统。国际数学联盟第 15 届主席、匈牙利科学院现任院长洛瓦什亦为该届金牌得主。——译者

②马季亚谢维奇由于奥赛获奖,得以跳过 11 年级,免试升读大学。——译者

③1969—1970 年,马季亚谢维奇在 LOMI 攻读博士课程,指导教师是谢尔盖·尤里耶维奇·马斯洛夫。——译者

如此算来，在杰出的苏维埃数学家马尔科夫领导的数学与逻辑的所谓"构造主义"方向，马季亚谢维奇已经是"第四代"代表人物。

(吴帆译，姚芳校编)

附　录

附录 1　回忆柯尔莫戈洛夫[1]

我一直想知道柯尔莫戈洛夫是如何跨越一个研究主题走向另一个的。他常常出人意料地突然改变他的研究方向，譬如说，关于经典力学中小分母的一些文章，就是在没有任何文章为它们做铺垫的情况下，意外地于 1953—1954 年发表的。同样，1935 年，柯尔莫戈洛夫的一些拓扑学文章也是这样突然发表的。

拿我自己来说，我建立了一种理论，成为不变环面有关文章的派生点。它就始于柯尔莫戈洛夫关于湍流的工作。在 1943 年 Landau 的一篇著名论文中，湍流的起因就是用不变环面——Navier-Stokes 方程相空间中的吸引子来"解释"的。对一个层流，可看作一个小的 Reynolds 数，总对应着一个稳定平衡态（一个点吸引子）。Landau 对其转变为湍流的解释是在 Reynolds 数不断增加的情况下一系列分岔的出现。首先这产生了极限环，接着吸引子变成一个二维环面，然后在 Reynolds 数进一步增加的情况下，不变环面的维数继续增

---

[1] 原文作者为俄罗斯科学学院院士、柯尔莫戈洛夫的学生 V. I. 阿尔诺德（V. I. Arnold, 1937—2010）。中译文刊于《数学译林》，2000 年，第 1 期，第 49-57 页。

加。柯尔莫戈洛夫在讨论 Landau 的解释时注意到对一个有限的 Reynolds 数,有可能已经发生到一个无限维环面、甚至到一个连续谱的转移。另一方面,即使对某个固定的 Reynolds 数而言,不变环面的维数仍然有限,但在一个充分高维的环面上有条件的周期运动的谱包含如此多的频率,以至于它与连续谱无甚差别。柯尔莫戈洛夫不止一次地提出这个问题:上述两种情形确实可能发生。19 世纪 50 年代末,在莫斯科大学数力系的布告栏上贴出了一份他主持的动力系统和流体力学的讨论班的计划表。[1] (这个计划甚至包括证明这样的问题:长期动态天气预报在实际中是不可行的,因为

---

[1] 下面是完整的课程计划表,讨论班的主题如下:

1. 解处处不连续地依赖于一个参数的双曲线方程的边界值问题[例如,可参看 S. L. Sobolev, Dokl. Akad Nauk SSSR 109 (1956),707]。
2. 经典力学中有关处处不连续地依赖于参数的特征函数问题(这些问题的综述包含在柯尔莫戈洛夫在 1954 年的阿姆斯特丹数学大会的报告中)。
3. 单演 Borel 函数和拟解析 Gonchar 函数(希望借此解决 1 和 2 中的问题)。
4. 当高阶导数的系数趋于零时,高频振荡的产生(Volosov 和 Lykova 关于常微分方程的文章)。
5. 在高阶导数项前带小参数的偏微分方程的数学理论中,人们已经研究了边界层流动和内层流动现象,这些流动均收敛于不连续表面上的极限解或其上的"消失黏度"下的导数。在真正的湍流中,这些解在稠密集上变坏。针对这一现象的数学研究至少在理想方程上进行(Burgers 模型?)。
6. 层流的稳定性问题,渐进消失稳定性(至少在理想方程上)。
7. 讨论动力系统中矩阵论的思路在真正的力学与物理问题中的应用的可能性。不同类型的谱的稳定性问题,具结构稳定的系统和结构稳定性质(在以后的讨论中,对有几个自由度的系统几乎一无所获!)。
8. (至少在理想情况下)考虑如下猜想:在 5 中末尾的情况下,在极端情况下动力系统转化为一个随机过程(长期天气预报之不可行性的猜想)。

它非常依赖于初始条件。)柯尔莫戈洛夫半开玩笑地谈到 Landau 的环面:"他显然不知道任何其他的动力系统。"

从 Landau 的环面转变到环面上的动力系统是一个很自然的思路。最后我几乎相信这套理论了。我请教柯尔莫戈洛夫这是否是真实的。他回答说:"不,我完全不这样想。主要的事情是 1953 年[①]出现了某种希望。不知怎的我变得十分热心起来,甚至从童年时代起,我就一直思考天体力学的一些问题,从 Flammarion 开始,然后读 Charlie、Birkhoff 的书,Whittaker 的力学著作和 Krylov、Bogolyubov、Chazy、Schmidt 等人的著作,我尝试过好几次,但没有结果。现在我可能有一点进展了。"

事情是这样的。那时柯尔莫戈洛夫在数力系引进实际任务并为之选择研究课题。在一系列的课题中,他选择了研究一个关于垂直轴对称的环面上的重点(heavy point)的运动。这是一个完全可积的具有两个自由度的 Hamilton 系统,其中规定运动发生在相空间的二维环面上。这些环面条件周期性地被螺旋运动的轨道所覆盖;其角坐标可使它们在相点的运动下是均匀变化的。

那时可积 Hamilton 系统的理论还不像现在这样是一个

[①] 这一年斯大林去世。——原编者

时髦的数学分支。它被认为是分析力学的一个彻底被抛弃的、过时的而且纯形式的分支。卷入这类"非主题研究"被看作一个数学家在外在环境的压力下做出的不可饶恕的让步。[①] (那时人们认为数学家应该把素数相加,应该推广 Lebesgue 积分,应该研究连续的但不是可微的群。)柯尔莫戈洛夫笑着说,法国人用大写字母写"天体力学",却用小写字母写"应用力学"。事实上他总是对各种"数学帝国主义"不屑一顾,不管它来自何方(譬如说布尔巴基,哈佛或者 Steklov 数学研究所)。

柯尔莫戈洛夫发现在实际工作中的"可积"问题里,适当定义的环面上的相随时间均匀变化。他立即提出这样一个问题:如果环面上的系统不可积但仅有一个积分不变量(它是保测的,若测度有正的解析密度),还会有如上性质吗?他于 1953 年在一篇短文中对环面上的系统解决了这个问题,其中首次提出了小分母的概念。从技术上讲该文并不复杂(虽然它包含一些对 1954 年的基础论文必不可少的引理)。柯尔莫戈洛夫所得结论如下:我们几乎总可以引进随时间均匀变化的相,但有时(对一个反常地可被有理数很好逼近的频率比)混合(mixing)是可能的(在相流作用下的一个小圆盘的像

[①] 1965 年 Fréchet 对我说:"哦,柯尔莫戈洛夫,他是不是那个用 Fourier 级数构造了一个几乎处处发散的可加函数的年轻人?"柯尔莫戈洛夫后来全部的成就——概率论、拓扑、泛函分析、湍流理论、动力系统理论,在 Fréchet 眼中都不如前一成就有价值。

布满整个环面)。

关于混合的这个理解——它与一个(几乎从未发生的)病态情形相关——似乎并不特别重要。但它是柯尔莫戈洛夫关于小分母的著名文章的源头。该文发表于 1954 年,在文中他证明了不变环面在 Hamilton 函数的小扰动下仍然能被保持。

柯尔莫戈洛夫的论点如下(根据他 1954 年在 Amsterdam 国际数学大会上的报告):在可积系统中,不变环面上的运动总是条件周期的(我们可引进随时间均匀变化的相)。于是,可积系统中混合现象不会发生。为了弄明白他的发现是否在力学中有实际应用,柯尔莫戈洛夫决定到不可积系统中寻找环面上的运动,在那里原则上应可观察到混合现象。

但我们怎样才能找到一个不可积系统的相空间中的不变环面呢?很自然,应该从扰动理论入手,考虑一个接近于可积系统的系统。不同形式的扰动理论已在天体力学中反复讨论过了,而后来在早期的量子力学中亦讨论过[1]。

但所有这些扰动理论都导致发散级数。柯尔莫戈洛夫知道发散性可被克服,如果替代小参数的依幂展开而改用泛

---

[1] 量子力学内容详见 Born 的书《原子力学》(*Atomic Mechanics*)。1930 年在 Kharkov 出版了一种可笑的俄文译本,其中包括将"dreidmensional Mannigfralfigkeiten"(三维流形)译作"三测量类"。

函空间中的牛顿方法。(关于此点他此前不久刚读到发表在《数学进展》上的 L. V. Kantorovich 的文章"泛函分析与应用数学"。)

由此,柯尔莫戈洛夫发明了"加速收敛方法",倒不是为了它引向的那些在经典力学问题中的著名应用,而是为了探讨在一个二维环面上的系统中实现了这种特殊的集论病态(混合)的可能性。

柯尔莫戈洛夫没有解决他自己提出的在弱紊乱的不变环面上实现混合的问题,因为在他发现的环面上,他的方法自动地构造出在相点运动下均匀变化的角坐标。就我所知,在与可积系统接近的一般系统中,携带着混合流的不变环面的存在性问题至今尚未解决,这一系列工作是柯尔莫戈洛夫从可积系统发展而来的。

与所得之结果相比,这个技术问题无足轻重且已被遗忘了。没有人还能想到它。物理学家宣称(我从 M. A. Leontovich 处听来)新的物理学通常从最后一位小数的精确化开始。而新的数学呢,如我们已看到的,也可从对前人工作的哪怕是微不足道的技巧性改善产生。由此可见,为基础研究做计划不过是官僚主义的荒唐事而已(通常是场骗局)。

虽然柯尔莫戈洛夫自己认为 1953 年所带来的希望是这项工作成功的主要原因,但他总以感激的口气谈到斯大林

（遵守不说逝者坏话的老传统）："第一，他在战争困难年代为每个院士提供一床毯子；第二，他原谅了我在科学院的那次打架①，他当时说，'那'也是我们常用的方式。"此外，柯尔莫戈洛夫还试图替 Lysenko 说好话，其时后者不体面地下了台，宣称他确是由于无知而犯错的。（在 Lysenko② 当权时，柯尔莫戈洛夫对这位"反对科学中的命运的斗士"的态度是迥然不同的。）

就像 Khodasevich 说高尔基那样，我们也可以说柯尔莫戈洛夫既是一个最倔强的人，同时又是一个最不坚定的人。

"有一天我会对你解释这一切，"每当柯尔莫戈洛夫在行动上违背他的一贯原则时会对我这样说。显然他在经受着来自某种影响巨大的恶魔的压力（著名数学家通常担任传递这种压力的角色）。柯尔莫戈洛夫没有活到可以谈论这些压力的时候，像与他同一代经历了 30 年代和 40 年代的几乎所有的人一样，直到他生命的最后日子，他还对"他们"感到恐惧。我们不应该忘记，那时的教授若不汇报一个本科生或者研究生的煽动性言论，那就很可能意味着第二天他自己得承担同情煽动性思维的罪责（在本科生或研究生中

---

① 俄文的"рукоприклададство"指动手（身体力量）而不是口头争论。柯尔莫戈洛夫在一次选举会上打了 Luzin 一耳光。——原编者

② Lysenko 反对遗传学的口号是"科学是命运的仇敌"。——原编者

的挑拨者的告发下)。

柯尔莫戈洛夫说他从不能紧张地全力思考一个数学问题超过两个星期。他认为任何有意义的发现均可用苏联科学院院刊上一篇4页的短文表达出来,"因为人类大脑一次不可能创造出任何更复杂的东西。"用柯尔莫戈洛夫自己的话来说,他只在不清楚一个问题的解答是肯定还是否定时,才对其感兴趣("仿佛你处在巨大的困惑或疑虑中")。一旦这点弄清之后,柯尔莫戈洛夫就试图尽可能快地摆脱书写证明之劳,而设法将这整个领域移交给一个学生去做。在这种时候,大家都应避着他。

每个科学分支的发展皆可分为三个阶段。第一阶段,即开始期,是一个新领域的突破,一个绝妙的通常是出乎意料的发现,往往与已被采取的猜想和信条相矛盾。第二阶段是技巧阶段,持久而充满紧张劳动的阶段。这时理论被种种细节乱七八糟地充满,变得又麻烦又难于着手,但也有更多的应用了。第三阶段,产生了关于这个问题更广泛的新的看法以及与其他看起来相距很远的问题的联系:又一个新研究领域的突破性发展成为可能了。柯尔莫戈洛夫的数学工作的特色由下述事实所说明:他是许多领域的开拓者和发现者,同时又解决了若干有几百年历史的问题。柯尔莫戈洛夫试图回避推广他所创立的理论的技巧性工作。他把嫌恶这种活动的本能视为自己的一个缺陷①。另一方面,在第三阶段,当有必要解释所得结果并领悟新的出路时,当需创立基础性的一般理论时,许多重要贡献仍应归功于柯尔莫戈洛夫。

举例而言,柯尔莫戈洛夫对新领域的意外突破包括他的拓扑学方面的工作,曾在 Comptes Rendus 上以四篇短文形式发表并于 1935 年在莫斯科拓扑学会议上做报告。在这些工作中,柯尔莫戈洛夫建立了上同调理论(与此同时 J. W. Alexander 也独立创造了此理论)。在这之后,柯尔莫戈洛夫没再涉及拓扑,但当 Milnor 的关于球面的微分结构的工作发表时,柯尔莫戈洛夫仍获得极深印象。在 Milnor 于列宁格勒的全苏联数学大会(1961 年)做报告之后,柯尔莫戈洛夫委托我(我当时还是一个研究生)去检查全部证明并为之解释。我努力执行了他的委托,而且开始与 V. A. Rokhlin、S. P. Novikov 和 D. B. Fuchs 一道学习(甚至还做过 Novikov 论文答辩的编外考官——其论文题目为乘积球面的微分结构)。但将其中一部分工作解释给柯尔莫戈洛夫听的努力都不算成功。"对我在拓扑方面的文章",柯尔莫戈洛夫当时对我说,"他们并没有得到应有的理解。你看,我是从物理概念——从流体力学和电磁理论——出发的、推进的,完全不是来自

---

① "由于年迈、懒惰,要是做出了什么好工作,充其量我能立刻把它写出来,但通常会放弃详述及推广"(摘自柯尔莫戈洛夫 1958 年 3 月 8 日的一封信)。

组合数学。每个人都接受了我那时引进的上同调群,而且现在还在用它们。但在我的这些文章中还有别的工作。我不仅建立了群,而且还构造了环! 这个环重要得多,我认为如果拓扑学家熟悉它的话,可得到很多有意义的结果。"

显然 1935 年之后,柯尔莫戈洛夫从 P. S. Aleksandrov 及其弟子那儿得到了拓扑学发展的全部信息。不管怎样,人们对前面提到的柯尔莫戈洛夫构造的上同调环的评价还是很高的:它包含了对他本人工作的透彻分析,从而正确预告了上同调运算的重要意义。(这一评述来自 Rokhlin,他在听了柯尔莫戈洛夫的前面那番话之后表现了少见的宽容;在 20 世纪 60 年代,出于天真的不调和精神,我充满好斗性地将拓扑学界过去三十年所发生的事告诉了我的老师。)

但柯尔莫戈洛夫自有城府在胸。譬如,他对我说谱序列包含在 P. S. Aleksandrov 的 Kazan 论文中。又如,他说人在 60 岁以后不应再搞数学(这一结论显然基于他与前代数学家的关系而得的经验)。总之,我向柯尔莫戈洛夫解释同伦理论的努力正像我教他骑自行车或带他滑水那样,是极不成功的。柯尔莫戈洛夫梦想在 60 岁时做个浮标管理员,而且早早地他就到伏尔加河上选一个合适的地点。但当他真的到了 60 岁时,那些浮标管理员已从用手划船改为用汽艇了,柯尔莫戈洛夫却极讨厌汽艇,因此这一计划只得作罢。他决定回到他最初从事过的职业,到学校执教。

柯尔莫戈洛夫告诉我的最后一项数学工作（大约在 1964 年）具有"生物学"背景。问题是关于这样的最小容器，其中可以容纳一个由 N 个固定大小的元素（"神经元"）组成的"大脑"或"计算机"，每个元素最多与 k 个其他元素由固定粗细的"线"相连结。k 是固定的，而 N 趋于无穷。显然一个非常简单的"大脑"（就如一条由 N 个元素依次连结的"蚯蚓"）可被装入一个半径的阶为 $\sqrt[3]{N}$ 的容器中。大脑的灰色物质（神经元体）位于表面，而白色物质（连结）则在其内部。这使得柯尔莫戈洛夫做出猜想：最小半径一定是阶为 $\sqrt{N}$ 的，而且不可能把任何一个足够复杂的大脑装入半径更小的容器中了。（"足够复杂"一词有精确的数学定义。）

这恰是最后证出的结果。（在柯尔莫戈洛夫最初的估计中有多余的 log 项，但在与 Bardzin 合作的最终结果中无此项。）

当然，柯尔莫戈洛夫完全明白他的定理与一个生物学意义下的大脑关系甚微，所以他在文中并未用大脑一词。他关于灰色和白色物质的想法是整个理论的来源。有意思的是，也许由于这篇文章具有过于正统严谨的数学表述方式，很少人注意到它，甚至专家似也如此。我在 *Physics Today*（1989 年 10 月）上柯尔莫戈洛夫的讣告中提及此事时，我收到一些从事计算机小型化的美国工程师的来信，要求指明柯尔莫戈洛夫这一工作的确切文献。

最近我去了马赛山区,并再次去了"地中海海湾",那里是由阿尔卑斯山临海的 500 米陡峭悬崖组成的著名峡湾。柯尔莫戈洛夫曾于 1965 年告诉我这个地方。离马赛域 5 公里荒无人烟的山区,在一条有路标的小径,有一个箭头朝下指向悬崖外。结果发现那里有一块突出物。如果你站上去,你会看到下一个突出物,就这样一点一点到达海面。柯尔莫戈洛夫就是这样对我形容的。现在那儿是 Luminy 大学的所在地。

与柯尔莫戈洛夫交谈总是很有意思的。我非常后悔当初没有记下他的故事(谈论内容)。幸好,我保存了他给我的信件。我认为,以下提到的这些片段,似乎足以给出信件的作者和他的态度一个清晰的印象。

莫斯科,1965 年 3 月 28 日。

我很高兴在我从高加索返回时收到你 2 月 14 日的来信。我是 3 月 5 日到那儿的。我们一行五人到那儿[Dima Gordeev, Lenya Bassalygo, Misha Kozlov 和 Per Martin-Lev(我的 22 岁的瑞典学生)]。最初六天 Bakuriani 下雪。但这没能阻止我们四处游览。尤其是我和 Per Martin-Lev。我们爬过了黑河在 Tsagver 的一个峡谷斜坡。Dima Gordeev 很倔强地坚持每天在山上训练八小时障碍滑雪。后来,S. V. Fomin 到了而且带来了晴朗天气。就在第一个晴天,我们去当地

Tskara-Tskara 牧场爬山,而且连续三小时位于海拔 2 400 米处,我所有的孩子都被太阳灼伤了(一身短打扮,甚至打赤膊),因此随后两晚他们睡得不太好。第四个晴天我们爬到了那座山的顶峰(大约海拔 2 800 米),后来发现那天是最好时机。因为第二天山上就被乌云笼罩,刮着顶头风。在 Tbilisi, Misha Kozlov、Per Martin-Lev 和我做了报告,我们游览了周围的风景名胜而且与当地数学家有了接触。接着是两整天出游。

(1) 到 Betania,那儿离 Tbilisi 不远,在靠近残雪的森林里春花烂漫(我们常常见到淡蓝雪莲花、小仙客来、藏红花、蝴蝶花)。不过我们的目的地是一个镶有壁画的 12 世纪的教堂。

(2) 到 Kintsvissi,离 Trialttskii 牧场的山坡上的 Gori 不远,那儿有一幅从 13 世纪初流传下来的非常杰出的绘画。作为一个伟大的独创的(虽然没有署名)画家的工作,它的水平可与在 Ferapontov 的狄俄尼斯壁画相媲美。这次出游开了三辆车,车上包括七位格鲁吉亚人(甚至还有一位控制论研究所的所长)。但最后到达那遗迹的路非常难走,所以除了我们之外,只有 G. S. Chogoshvili 到了那儿。至于其他人,我所能告诉你的是,他们在四个小时的等待过程中,在一个可通汽车的最近的小村庄里吃喝了一顿。不过后来,我们在 Gori 的一个内宾餐馆吃了一顿丰盛的晚餐。这家餐馆就在斯大林出生的房子的隔壁。从 Gori 我们立即动身回莫斯科。（在 Tbilisi，我们的滑雪用具由一个年轻的 Tbilisi 数学家送到火车站托运，大概在我们走后，他和其余的陪同者又不止一次地到那家餐馆吃饭。）

你是计划复活节去滑雪的（从 4 月 18 日到 5 月 2 日的两周）。你可根据你的爱好在 Savoie 或 Dauphine 的导游手册上选一个合适的滑雪站，不过最好是从山顶开始（1 700 米到 2 000 米）。任何级别[从带上下铺的招待所（或称寄宿公寓）开始]的旅馆房间都必须预订。如果你不想进口一套滑雪用具的话，在当地租一套会让你满意的……

我不想说关于某人的刻薄话，但你认为他只是将他自己感兴趣的，或者至少他懂得的数学分支看作唯一有意义的工作，我也不会为他辩护。不过我倒想为我自己做点辩护。我现在十分不得已地忙碌于去做每一件留待我做的事，而且我的计划又大又包罗万象。因此我在学习那些对我不太有用的事情时尽量少花气力，有时这些事其实也不需多少努力。譬如说，听懂一些综合报告（或者，比如你的解释）。我这儿的年轻朋友全然不顾我们之间的年龄间隔，拼命想教我骑自行车或滑水。

不过，我倒不觉得自己有否定新研究方向的客观意义和重要性的倾向，这种倾向常来自自身的局限性。有时我克制自己不要轻易下断语,有时我甚至积极支持并推荐年轻人的工作,只要大致从整体上我觉得是重要的、有前途的,即使它们已越出我的知识范围。如果我更积极地、更敏锐地支持某些方向,这种评价常来自对其结构(有时隐于那些被动读到的精美工作中)和其前景的了解,那么这一切对我来说似乎就更是合情合理的了。我们的"小分母"理论和其他许多工作就属于这种情形。

向 Leray 和他的妻子、儿女致以我个人的问候。我和他建立了比与其他法国数学家更自然、更私人化的关系。不过,这种友谊也发生在 L. Schwartz 身上,又以另一种形式发生在 Favard 身上,还有一些比较不显眼的人如 A. Réné 身上(他的方向是概率论和统计学在工程及物理中的应用)。我想得到一些材料,以便让我写一篇有意义的 Favard 的讣告。我对他的数学成就相当了解,但对他的教学生涯、社会工作及个人简历都不甚了了。这些都是很有意义的(包括他积极帮助西班牙移民,总的来说,这对一个数学家而言极不寻常)……

我非常满意经过修改的结语……"(我忏悔)我自责那件事(伤害了你)让你难过……"第二处修改是绝对正确的。因为"伤害"我不是那么容易的。将"我忏悔"改为"我自责"显然表明忏悔根本不是你的性格。……Uryson 的墓就在靠近 Le Croisic 的小镇 Batz,一位守着这墓的老小姐,Cornu 小姐好像还活着。

莫斯科,1965 年 10 月 11 日。

到现在才有时间回你于 8 月 29 日从 Chamonix 寄来的信,因为从九月初我就特别忙,后来又去了南斯拉夫(贝尔格莱德,到"老塞尔维亚"游玩,为了看一些 13 世纪的壁画;萨格勒布,到亚德里亚海岸去了一趟)。

我对法国和其他国家的截然不同的圈子的观点和习俗的确有过仔细地观察,但你信中写的某些事情还是让我感兴趣。当我还是一个和学生同样地位的年轻人时,我只是于 1930—1931 年在法国待过。但在 1958 年,虽然我在为滑雪者准备的有上下铺的寄宿公寓里只住了几天,我却总被别人看出是一个教授。(你也是教授,可目前这并没在你脸上留下痕迹。)

我肯定会给 Fréchet 写信。但现在我的时间特别紧。我陷在更多的教学工作里:在 Bolshevo 的一个普通中学里,我和另一个同事教九年级的微积分基础,而且还要在同一年级介绍集合论基础(主题是"方程和不等式的几何含义")。他们选我作委员会的数学部主席,主要从事确定课表,选择相应的教科书。这事很重要,而且看起来还不无希望做些事情。

在寄宿学校①的 101 个一年级学生中,只有 44 人想进数力系,有 32 人已被录取,比例约为 72%。第七学校 (Krourod) 录取的比例是 60%,其余则少得多。但在物理和工程系,我们所有的候选者都被录取了。显然我们的训练更适合于那里(那里的竞争也同样激烈)。在物理系学生们的成功率更低一些(约 60%),这是因为"Novoselov"型数学②的要求非常形式主义。

我已收到 Favard 的传记,还未用到它。但我希望表达我的谢意,而且希望有关 Favard 的一些事迹能在这儿发表。

在 Brittany,有许多地方比 Le Croisic 更吸引人。在深秋几乎没有游客,所以你在出游前不必预订旅馆房间。事实上,我希望你去 Batz 和 Le Croisic 两地。我在那儿旅游时,住在紧靠海边的海洋饭店。当然你也可找到为年轻人用的公寓房,如果这些地方在淡季还开放的话③。

---

①关于专门的数学寄宿学校,见 Sossinsky 的文章。——原编者
②暗指 Novoselov 课本中特选的那些计算量大但毫无意义的习题。——原编者
③我在 11 月的一个傍晚,乘上从 Gare de Mautparnasse 发出的火车(这一点令我自己都吃惊)到 Batz。火车在凌晨 1 点到达 Le Croisic。这个小镇几乎废弃,海洋宾馆的看门人不让我进,不相信我是独自一人而不是某个流氓团伙的探路人。我最后只得蔽身于一个花园的崖柏之下,沐着月光,吹着冷风,闻着碘味。这个花园被一些像绿药盒一样的小屋围着,一部分已改成别墅(这些空荡荡的别墅在建筑上与那些剩下的小屋可大不一样了)。第二天我去了 Batz,找到了烟摊旁的 Cornu 小姐,她身边有一大群猫。靠着公墓边的 Uryson 的墓被很好地保存着(Cornu 小姐目睹了 Uryson 于 1924 年淹死的情景)。

我知道那篇关于算法复杂性的文章，你曾写过这方面的东西。这是一个完整的小研究方向。不过，还需做本质性的改进。图灵机在这儿可不是合适的工具。应该可以对"最小的可能复杂性"下一个合理的定义。它在一般的假定下是唯一的，仅差一个有界因子。然而图灵机在真实复杂性的阶为 T 时却有时会给出 T^2。现在我们已经成功地给予了它充分的简单性……

我非常欢迎你参与编写普通学校教科书的工作，但我觉得教科书的编写者必须投身于普通学校的实验教学之中。关于 9～10 年级的代数教材，我的编写组中包括 Shereshevskii。虽说他目前正在寄宿学校教书，但他有在普通学校教书的丰富经验。还有一个叫 Suvorova 的人，他负责在 Bolshevo 学校试教已写好的实验教材。

那天我正在 J. G. Petrovskii 的办公室，有人①从巴黎打来电话告知，你参与了专为新的"invesigational 数学"而出的杂志的工作。这本杂志应在某种意义上不同于其他所有的老杂志。我们对其解释说我们还不太清楚"invesigational 数学"是否作为一个新科学分支而存在，但我们知道 Malgrange 和 Tits 都是杰出的数学家……

---

①应该是巴黎的苏联大使馆。那时一个苏联科学家只有在特殊许可下才能成为国外杂志的编委，就像获准出国旅行一样难。——原编者

其实这本杂志是《数学的发现》(*Inventiones Mathematicae*)。至于写教科书，我断然拒绝参与。一方面是由于毕生致力于数学的愿望，另一方面是由于与柯尔莫戈洛夫的看法有重要的差异。(他想要把所有的中小学生看成像他自己那样的天才数学家。)

我至今还记得在20世纪50年代中期的一天，柯尔莫戈洛夫如何对他为圣诞节召集在家中的弟子们(大学生和研究生)发表关于数学天赋的见解。根据他的理论，一个人作为普通人的发展阶段中止得越早，这个人的数学才能就越高。"我们最天才的数学家"，柯尔莫戈洛夫说道，"在四五岁的时候就中止一般才能的发展了，那正是人成长中热心于弄断昆虫的腿和翅膀的时期。"(用柯尔莫戈洛夫的话说就是，这位数学家会非常遗憾他没能活捉希特勒——不然的话，他会把希特勒放在笼子里，用一种特殊装置每天将其肠子拉出一厘米并当众掐掉。)柯尔莫戈洛夫认为他自己的一般才能中止在13岁的水平，那个年龄的男孩子们正对世界上一切事情充满好奇和疑问，而成年人感兴趣的事不能分散他们的注意力。(我记得他估计 P. S. Aleksandrov 的一般才能中止在16岁，甚至可能是18岁。)

不管怎样，柯尔莫戈洛夫总是假定他谈话的对象与他有同等智力，这可能并不是他对现实估计错误("我们在课堂上讲的对绝大多数学生而言都是一样的——他们仅仅记下几个定理以应付考试",他曾这样评价莫斯科大学数力系的学生们),而是因为他就是这样成长起来的(或许他还认为对他的听众的这种信任是尊重对方,有益于对方)。大概正是由于这一点,他出色的讲课对大多数学生而言都是云山雾罩。(顺便提一下,即使从形式上看他的讲课也远不是那种愚笨的填鸭式的,这一教学方式在那时还统治着数学教育,Feynman曾在《别闹了,Feynman先生!》一书中大加嘲讽。)

柯尔莫戈洛夫曾说:"只有那些自己对数学充满热情并且将之看成为一门活的发展的科学的人,才能真正教好数学。"在这种意义下,他的讲课,虽然有种种技术上的缺点,但对那些想明白问题的思路,而不是照抄符号和标记的学生而言却是非常有趣的(在他所讲的课中,我听了 Galois 域、动力系统、欧拉求和公式、马氏链、信息论等)。

或许他 20 世纪 20 年代在莫斯科时的无忧无虑的学生生活(他后来常将之作为一段快乐时光提起)影响了柯尔莫戈洛夫的教学方式,那时一个学生被要求在 14 个不同的数学分支参加 14 场考试。但考试可用相应领域的一项独立研究结果代替。柯尔莫戈洛夫说他从未参加过任何一门考试,但他写了 14 篇不同方向的有新结果的论文。柯尔莫戈洛夫补充道:"其中一个结果是错的,但我是考试通过之后才发现的。"

柯尔莫戈洛夫还是一个出色的系主任。他说人们应该因其才干而原谅包容那些有才干的人。他曾挽救不止一个新成名的数学家免遭学校的开除。甚至当一个不循规蹈矩的学生的助学金被拒之后,这位系主任竟私下帮他渡过难关。

爱因斯坦在回忆自己学生时代时写道:"现代的教育方法居然没有完全窒息神圣的探索热情真是一个奇迹:对于这株柔弱幼小的植物,除了鼓励之外,最需要的就是自由了。那种认为责任和强制能产生学习与探索的乐趣的想法实在是大错特错。一个健康的食肉动物也会拒绝进食,如果用鞭子不断地逼迫它吃肉,特别是当强制喂它的食物不是它所选择的时候。"

柯尔莫戈洛夫对学生个性的深切的尊重有别于其他我所认识的教授。他总是希望从学生那里听到出乎意料的新东西。

柯尔莫戈洛夫的确喜欢教学和讲课,甚至不顾后果,尤其他认为取消一间专为学生提供的阅览室是一个极大的不幸(这间阅览室一直存在于莫斯科数学学会,直到 O. B. Lupanov当系主任时,取消了学会对莫斯科数学奥林匹克竞赛以及"Kruzhok"学校①的领导权)。

---

① Kruzhok("圈子")是俄文,等同于"互助组"。那时有这样一种互助组。大学生为高中生每周授课一个晚上。他们主要解决一系列精心挑选的问题,这些问题通常涉及并引向高深的数学理论。——原编者

从下面这封信中可对柯尔莫戈洛夫的教学任务窥见一斑(由于教员中出现与匈牙利事件相关的骚动,那时他刚被解除系主任一职)。

Kislovodsk,1957 年 5 月 31 日。

你尚未回复我关于一年级学生的"互助组"或讨论班的事。你不在,我就不会开始给一年级学生讲任何课程,因为我的计划包括:

(1)比前几年指导概率论教研室的常规讨论班更积极主动地领导工作。

(2)指导 Steklov 研究所的研究助手和研究生们,以及参加各种应用问题研究室的会议(除研究生外,我们已经吸收现在的五年级学生 Aivazyan、Gladkov、Kolchin 和 Leonov,做某些专门的应用课题的年轻科研助手)。

(3)开设一门随机过程方面的课——这是我们专业四年级学生的必修课——我觉得你不妨来听听。

(4)为研究生 Alekseev、Meshalkin、Erokhin、Rozanov 和你办一个动力系统和随机过程讨论班(会有别的人来参加,但上面这些人是准备紧张而有系统地来工作的)。

(5)和 V. Tikhomirov 一起为三、四年级学生办一个概率论与组合数学精选问题讨论班。不反对你也来参加,但我希望将保持一种易于接近的风格。

虽然如此,我仍保证每星期去一个一年级学生的"互助组"或讨论班,并带去足够的问题。同时,如果整个计划得以实现,我会让你避免陷入以不负责任和懒散的清谈去培训一群少年的境地,就像在"互助组"发生的那样(虽然也有它的趣味)。有人写信告诉我,七月份所有的莫斯科大学生将受命去帮助莫斯科民兵(?!)以准备联欢节①,也许这是一种恶意诽谤吧?

Toussuire(Savoie),1958 年 4 月 2 日。

在过去的两天中,我在法国的生活似乎是极度非学术性的。昨天铁路和巴黎地铁及公交车都处于 24 小时大罢工。不管怎样,还是给我们——作为郊区居民——提供了大批的军用卡车,送我们到巴黎。不过公众也给了那些运送我们的士兵以等同于地铁车票的钱,他们因此而特别地彬彬有礼而且兴高采烈。今天早晨旅行社不知怎的为我弄到一张到这儿的车票。由于复活节和昨天的罢工,我不得不乘坐的那列 609 次火车根本连接不起来,(居然还称作是一列火车!)它分散在三条轨道上,而从 1 号至 55 号车厢又是随机编制的。我

---

①1958 年的联欢节是一个非常重要和独特的事件,因为它是第一次(也是唯一一次)在莫斯科举行大型国际学生联谊会。这被看作在赫鲁晓夫的宽松政治下出现变化的征兆。

登上我的 17 号车厢不到一分钟,那一截就出站了。幸好我找到了我预订的座位,可是走廊里到处都是没有座位的乘客。由于某种特殊的官方礼仪(我不知道如何说明),我在第二时段里(共有四个时段)得到一顿丰盛美味的午餐。这一持续 8 小时的旅程非常有趣。首先是法国的平原地区,卡车拉着驳船在运河里行走。然后是隧道和怪石林立的大山——Rhone 山,还有壮丽无比的 Lac du Bourget。最后是我们要去的山谷,谷底流淌着溪水,山顶被白雪覆盖。这趟列车是开往意大利的。因此到了我旅途的终点,车厢里只剩下意大利人,特别脏,甚至有股大蒜味。

在 St. Jean-en-Maurienne,我不得不无礼地强迫意大利人打开被箱子堵住的门,然后好不容易跳出去,立刻发现了一小群找公交车去 Toussuire 的同行者。车终于来了,由于我们一行只有六人,又(以同样的价格)换了一辆小轿车,它很快带我们爬到海拔 1 800 米的高度。

Toussuire 有十栋房子。其中有五六栋是小招待所,每栋有十至十五间房。其中有些用作"宿舍"。所有的房间都锁上了。我不得不在这种宿舍里住到星期一。我租了十天的滑雪用具,在周围随便滑滑。天气很美,现在几乎是满月了。明天我要带上面包、奶酪、黄油还有香蕉(大量的)在雪橇上过一整天。我将到海拔 2 200~2 400 米的山梁上滑雪。今天一个共产党员(在滑雪学校的雇员、向导和教练员中有好几个呢)用一种最友好的方式让我停下来并非让我喝下两杯烈性酒不可。至于费用，我为住处和大堂食物付了1 400法郎。这比巴黎的费用高一点，因为我的房间里有全部的便利设施和浴室。我仍在进一步熟悉这个旅行团的成员，它包括学生模样的年轻人，带着4~17岁的孩子们的谨慎和气的知识分子家庭，当然，他们全都是滑雪迷……

现在谈谈关于你对我的抨击……

……我把形式的严谨性看作一种义务，而且认为在一大段（一般而言，对于最终的理解是"有益的"）论述之后，最终它总是与完全的简洁性和自然性相结合的（在表达重要的，事实上也应是简单的结果的过程中）。实现这些理想的唯一途径就是对逻辑精确性的严格要求，即使暂时这是一种负担。

……我从没有时间（或精力）好好地写文章。我的各种各样数学或非数学工作[如果人们认为后者（如系主任职务）是有益的话]多少为这种情况提供了借口。不过，我还是很清楚我对每件事的表达是多么糟和多么不连贯。我希望这次旅行能让我带回几篇典范教材，用法文和俄文出版。

不管怎样，看着我在 Amsterdam 的讲义（不带证明的概述）……

1958 年 4 月 15 日,巴黎(在 Poincare 研究所我的"办公室")。

……我在 Toussuire 整整待了八夜(因为我所乘坐的汽车是第九天离开的)。那儿的天气反复无常。每天要下几次雪,每天太阳都要照耀,而且不时地出现炫目的金色的阴霾。由于雾气和新落下的 30~40 厘米厚的雪可能造成的雪崩,要想去较远的地方是不可能的。只是到了最后一天的上午,我在雪道上才发现一行五人,经过 6 小时的路程到达临近处的制高点(Pointe d'ouillou,2 436 米)。从那儿有一个向导们熟知的下降的斜坡,从斜坡可下到另一座山(Cartier 山,2 250 米)的山顶。它比 Toussuire 要低很多(假如从那儿直接上到 Toussuire 需要攀岩)。顺着雪橇的印迹,我走上了这条很容易走但又相当复杂的路(复杂是指任何路线的偏差都会导致滑到悬崖边或可能出现雪崩危险的斜坡),路上大多数时间是在太阳照耀下,有三次下雾和下大雪。(不过,还没让人觉得要在裤衩外加点什么。)我没能赶上那些先行者,他们完全遵守规矩下降至一座跨越山间小溪的小桥,而我呢,带着俄国人特有的莽撞劲儿,在高得多的地方就甩开雪橇纵身从岩石上飞过小溪。我在 14 点 50 分回到 Toussuire,点了一顿美味无比的告别中餐,外加更贵的高级葡萄酒(通常我只喝 1/4 升罐装红葡萄酒),还喝了咖啡。然后和旅馆结账。把剩下的(送滑雪者上坡的)吊缆券送给那些孩子们,归还了滑雪用具,最后 16 点 30 分准时坐上汽车。

由于日晒的缘故,我脸上全部脱皮了。还好,没多少痛苦。不过,在这八天里我整个身体是晒得不能再黑了(没脱皮)。

接下来我到 Grenoble 去看 Favard 两天。在那儿我们又上山了(这次是乘车)。我们坐在一个咖啡馆里看着 Favard 十岁的女儿在咖啡馆附近的小山坡上滑雪。至于 Grenoble,附近小山上密密的树林被雪覆盖着。我们去看的一个城堡和一个美术博物馆都非常有意思,Favard 一家对我的接待更是热情周到。

复活节假期后,我已上过两次课了。明天我将在概率论讨论班上做一个报告,而现在我要去参加一个"数学茶会",这是每周三 16 点 45 分都要举行的活动。

1962 年 4 月 16 日,加尔各答。

……许多在 Magalanobis 教授家花园里干活的仆人们发现,留给最受尊敬的客人的房间里住着一个灰白头发、晒得黑黑的人,这人还不说英文,每天太阳升起时就起床到花园里默默地散步。这还不算,在我到来之前,主人要他们将池塘清理干净,以便于我在早上沐浴(这种事当然没有发生)。因此一个十岁的小姑娘,披着带有串珠的五颜六色的披肩,非要得到我是一个印度人的答案,"我是俄国人"这一回答没法让她信服——她或许心中暗想我是来自一个特殊的印度部落。

现在是凌晨 3 点 30 分，天还黑着。因为早上较凉快，我已关了空调而且开着窗子。

鸟儿正在歌唱，我要再睡一会儿。

6 点 30 分的时候，会有一个英俊的小伙子赤着脚进来，穿一身淡蓝色 T 恤衫，在我的房间里（如果我正躺着，就在我床上）放一张小桌子，上面摆着茶和水果。7 点，一个美国学生会到这儿，我和他一起到学生公寓的游泳池中游泳。

8 点，我们将吃一顿真正的早餐。Magalanobis 教授和住在招待所的所有客人都会来。因为 Magalanobis 夫人生病了，一个英国地理学家 Pamela Robinson 在桌旁替代女主人。

然后我将去我们的领事馆，在旅行部门办理回程的诸项事宜。

在孟买我看到了富丽堂皇的位于城市中心的大酒店与城市边缘贫民区的乞丐之间的巨大反差。加尔各答相对而言更传统，更穷一些。但现在显然是很成功的一段时期，我未在那儿发现任何挨饿的人。至于说穷人，那些没见过什么世面的外国旅游者常夸大他们的数目。在一家雕刻艺术馆，有一些赤着双脚的男人携妻带子，妻子们把孩子抱在怀里。侍者们仅仅是维持秩序不让那些家庭坐在地板上吃中饭——从外表看，一个欧洲人会认为整个社会是由乞丐组成的，但事实上他们不过是在审视集中于此的神像。

1969 年 8 月 9 日，科学考察船"Dmitrii Mendeleev"。

……昨天我和 Maurice Peixoto（葡萄牙语中这个"x"发音作"sh"）花了一上午时间议论了 1971 年 8 月将在巴西举行的数学讨论会的问题。Smale，你和 Sinai 也要去的。我们甚至设想不要搞成讨论会的形式，而是像整个暑期班那样开它一个月。地点呢，用 Peixoto 的话来说，要选一个比 Rio 更吸引人的地方。在 Rio，Erleu Viktorovich Lenskii 处处为我做向导，他在那里待了一年，可以随便用葡萄牙语与同事交谈，也可与普通人交谈。（你知道，这要更困难些。）我训练他即使在当地"冬季"的水中仍坚持游泳（水温从来不低于 18℃）。在 Rio 的四天非常有意思，但过于受烦扰，因此在大轮船上恢复到有节奏的生活方式倒让人觉得快活。当仪表（而不是湍流）产生出摆动热力风速仪的缆绳的振频谱和诸如此类的情况时，我多半要忙于去解决其中的问题。

我在这远征中扮演的角色竟然被写进了为纪念跨越赤

道的海神节①而做的歌词里:"首先受洗的人无疑应该是尊敬的柯尔莫戈洛夫老院士。他爱给科学家挑毛病,因为他们把仪器摆弄得不合适。还能逼着'小鬼'把磨推,全为有个三分之二的法规。"

这群"小鬼"对我还算比较客气,因为我围着一条国产亚麻布床单,就像古罗马人披的宽大外袍,它成了受难的唯一对象,被他们涂上的机油弄脏了。

不过,我们还是有更文明的娱乐活动。在夜晚,Vivaldi、Bach 和 Schumann 的作品按节目表轮流演奏。

我们不仅去了 Rio,还去了 Reykjavik。我们乘汽车做了一次了不起的旅行,为看那里的喷泉和瀑布。(说它了不起,仅指景观给人印象深刻,至于所花时间,仅一天而已。)然后我们又意外地(为送一个病人乘飞机去莫斯科)访问了 Conakry。现在我们还有一个月的食品和燃料储备,这些东西是我们在加里宁格勒搞到的,够用整个行程。纯净水则由蒸馏器获取。但在返回之前,我们一定会去 Gibraltar,这封信可能要从那儿寄出了……

---

① 一个首次跨越赤道的人应该由海神及其小鬼们"施洗",洗礼的方式是将人抛入一大桶水中。

柯尔莫戈洛夫的最后十年生活在严重的疾病的阴影里。他先是开始抱怨他的视力，通常沿着伏尔加河横穿原野的 40 公里的滑雪活动不得不减短为沿 Skalba 河滑 20 公里。不过，即使在我们的最后一次滑雪时，几乎全盲的柯尔莫戈洛夫仍穿着滑雪板从河岸上越过一条未结冰的溪流跳到 Klyazma 河的冰面上。后来，到了夏天，他在海水中游泳开始感到吃力，可到了秋天，他还是逃脱了他的妻子 Anna Dmitrievna 和医生的严格看护，越过 "Uzkoye" 的围墙到池塘中游泳。（而且教我在哪里可以方便地爬过围墙，从 Yasenevo 到达 Uzkoye；不过，柯尔莫戈洛夫这辈子从未循规蹈矩过，他曾不无自豪地说起他在莫斯科的 Yaroslavl 站与民兵打架的经历。）

在他最后的岁月，他的生活是很痛苦的：有时他真地完全靠人扶着。他的妻子 Anne Dmitrievna、护士 Asya Aleksandrovna Bukanova、柯尔莫戈洛夫的弟子以及他所创建的寄宿学校的毕业生们连续数年整日整夜地看护着他。

有时，柯尔莫戈洛夫仅能每小时吐出几个字，但一如既往地让人感兴趣——我还记得在柯尔莫戈洛夫去世前几个月，他说起曳光弹是如何缓慢地越过 Komarovka，以及 1942 年在炮兵总部的命令下，他如何奉召从喀山回到莫斯科，住在苏联科学院主席团的大楼里的一个长沙发上。那栋楼位于 Neskuchnii 花园。

我至今还记得他在 20 世纪 30 年代那个冬天的"令人失望"的故事：身着游泳裤、滑着雪橇的柯尔莫戈洛夫得意地快速下行时，碰到两个带着相机的年轻人。他们请他停下来往他们那边去，他原以为他们会为他拍照，可谁知是请他为他们拍照。

在莫斯科大学的数力系，我想人们还可以见到当时加里宁(Mikhail Kalinin)与教授、讲师及研究生谈话的照片，那时学校还在 Mokhovaya 街的旧楼里。从照片上，很容易辨认柯尔莫戈洛夫、亚诺夫斯卡亚、高卢鲍夫、卡甘、亚历山大洛夫和其他人。我在此重述柯尔莫戈洛夫关于这件事的描述。

那时加里宁的女儿正与学力学的一个研究生过从甚密，而加里宁恰好来会见教员们。他做了一个简短的讲话，然后让大家谈谈各自的困难。于是乎每个人都开始诉苦：研究生们抱怨缺宿舍，尤其是那些拖家带口的；还有人说到送毕业生去省立大学的必要性；P. S. Aleksandrov 则抱怨厕所的天花板漏水。在结束语中，这位全苏首脑说道：好了，我明白了，你们这儿到处乱七八糟。至于研究生嘛，他们首先应该安心工作，有一个住处，然后再结婚。而厕所问题的解决嘛，这就是为什么你们必须有一个教育部部长……

我还记得柯尔莫戈洛夫在另一次关于赫尔曼·外尔的谈话。用柯尔莫戈洛夫的话说，外尔爱听俄罗斯的哥萨克歌曲。他在哥延根有一套公寓占据了一层楼。在音乐室里，他坐得离扩音器很近而把背对着客人们，听着收音机里的节目……还有一间特别的乒乓球室，与一般教授的水平相比，有一种奢侈的感觉——这来自他的妻子，她是最高层的音乐艺术圈中的人，那个圈子可追溯到与互戈涅的某种联系……

下面是柯尔莫戈洛夫关于阿达玛的描述：

阿达玛是个蕨类植物的热心收集者。他到莫斯科来时，柯尔莫戈洛夫和 P. S. Aleksandrov 带他去划船（显然是在 Klyazma 的 Obraztsov 湖——作者注）。突然，不知怎的，阿达玛望着岸边急切地要他们快靠岸。他走到船头，就在快要到岸时，他急忙朝岸边冲过去，以至于掉到水中。原来那儿长着一棵不常见品种的蕨类植物。阿达玛满心喜悦。可又必须通知他马上去出席一个科学院举行的招待会（那时的院长好像是 Komarovo——作者注）。大家没办法，只好让阿达玛穿上 P. S. Aleksandrov 的衣服。可这看上去很刺眼（阿达玛要高得多）。在招待会上，人人都对阿达玛说："教授先生，您出什么事了？您没穿您自己的衣服——您落水了，是吗？"而阿达玛对此则自豪地说："你们为什么认为一个数学教授就不能有其他的冒险活动呢？"

柯尔莫戈洛夫最后一次拜访阿达玛时，阿达玛已 90 岁高龄了。他俩的话题涉及了奥林匹克学校——在法国类似于奥林匹克竞赛的活动由来已久,它称作中学优等生会考,由那些法国国内最优秀的高中应届毕业生参加考试(每科分开)。考题从全法国的优秀教师出的题中选出来——教师们把考题送到巴黎,根据它们的质量,教育部可判断教师的素质(如果我们仿照,未必是一件坏事)。竞赛结果决定那些学生中的第一名数学优胜者,第二名,第三名,……

阿达玛还清楚地记得他参加的那届中学优等生会考。"第二名",他说,"第一名,恰巧也是个数学家。可能比我要差多了。他从来都比我差。"很显然,阿达玛一直很在意那场会考的"失败"。

对柯尔莫戈洛夫来说,数学向来是某种程度上的一项运动。可是,在纪念他从事数学工作50周年大庆时,(在莫斯科数学学会的一次讲演中)我将他比作征服高山险峰的登山运动员,他却生气地说:"……为什么你不觉得我也有能力建立一般性的理论呢?"与此形成对照,我将 I. M. Gelfand 的成就比作建了一条高速公路,也遭到 I. M. Gelfand 的抗议:"为什么你认为我不能解决难题呢?"

柯尔莫戈洛夫本人酷爱音乐,而且可以无休止地听那些他最喜爱的唱片。他在卡玛尔若夫卡(Komarovka)和莫斯科的家中均有收藏。每次招待我时都放舒曼的五重奏。当柯尔莫戈洛夫说话已困难时,这甚至将我在他身边的守护变成了度假。

那段时光也发生了一些有趣的事。

位于莫斯科大学教授住的 L. 区("区"这个词从囚犯们建这栋楼时一直保留至今)的柯尔莫戈洛夫夫妇的公寓里，Anna Dmitrievna 的厨房那时由一个聪敏的中年助手 Galina Ivanovna 掌管。晚上她很晚才回家，已没有时间买她的食物了。于是她请 Anna Dmitrievna 帮她弄一张进入校区的通行证(那时校区有守卫)，以便买她的晚餐所需物品。在和系里的领导磋商之后，Anna Dmitrievna 一口拒绝了。因为有着这样一个姓氏的人是不可能得到任何帮助的。Galina Ivanovna 又向我求救，"天啊"，我问她，"你到底姓什么？""马克思(Marx)"[①]，她答道。

显然人们认为有着这样一个姓氏的人要弄一张大学通行证与进入这所大学学习一样困难，幸运的是她很快找到另一个系的领导办成了，那人处事比较开明。

有时他的病好些，柯尔莫戈洛夫也能多说些话。的确，他奇特的措辞不易让人明白，甚至在病前也如此。据说那次 50 周年大庆时，I. M. Gelfand 提起他到 Komarovka 访问。P. S. Aleksandrov 立即证实 I. M. Gelfand 的确到过

[①] 听起来就是犹太人的姓。

Komarovka，甚至还曾救出一只猫。当时，那只猫正被关在一个加过煤的火炉里。据传闻（不过多半是真的）I. M. Gelfand 本人如此说："不错，我的确在炉子里发现了那只猫，可在那以前已经听了半个多小时的猫叫了，我只是错误地做了解释。"

除了他的数学成就外，柯尔莫戈洛夫常为他的运动成绩感到自豪。"1939 年"，他说，"在当了科学院秘书①之后，我决定试一试我在 Klyazma 河的冰水中究竟能游多远，之后我滑雪回到 Komarovka 时，体温高得吓人，在 Granovskii 街的医院里（那是科学院秘书就诊之地），他们都为我的生命担心。于是我意识到，我的能力是有限的。可是就在我 70 高龄时，在初冬时节，我从学校跑步到莫斯科河游泳，一直游到 Neskuchnii 花园。堤岸被坚冰覆盖着，几乎不可能爬上去，周围又没有一个人。我最终找到一个地方爬上岸，用了比那次在 Klyazma 更长的时间——结果我一点没病。"

柯尔莫戈洛夫愉快地回忆起他年轻时的北方之旅，最长的一次是 Вологда—Сухона—Вычегда—Печора—Шугор—Сосьва—Обь—Бийск（而且赤脚穿越 Altai 山脉）。在他沿 Kuloy 和 Pinega 河的旅途中，他成功地自驾帆船，没有让当地渔民帮忙，以致柯尔莫戈洛夫被当作为他们中的一员。

---

① 科学院的数学物理学部的主席被称作科学院秘书。——原编者

（这一点表现为他们骂他的语言已像他们彼此相骂一样。）

　　与柯尔莫戈洛夫最后的长谈之一是有关人类的未来的话题。柯尔莫戈洛夫总以疑虑的口吻提到数学年刊的封面上前辈编委的名单。

（胡晓予译）

附录 2　柯尔莫戈洛夫的学生图系

柯尔莫戈洛夫的学生图系如附图 1 所示，其中用加粗字体标出的都是俄罗斯(苏联)科学院院士，共计 20 人(包括柯尔莫戈洛夫，按俄文字母表顺序排列)：

1. **Колмогоров Андрей Николаевич** — акад. 柯尔莫戈洛夫

2. **Арнольд Владимир Игоревич** — акад. 阿尔诺德

3. Большев Логин Николаевич — чл. корр. 鲍尔舍夫

4. **Боровков Александр Алексеевич** — акад. 巴罗夫克夫

5. **Гельфанд Израиль Моисеевич** — акад. 盖尔方德

6. **Гнеденко Борис Владимирович** — акад Укр. 格涅坚可

7. Добрушин Роланд Львович — чл. корр. 道布鲁史尼

8. **Мальцев А. И.** — акад. 马尔科夫

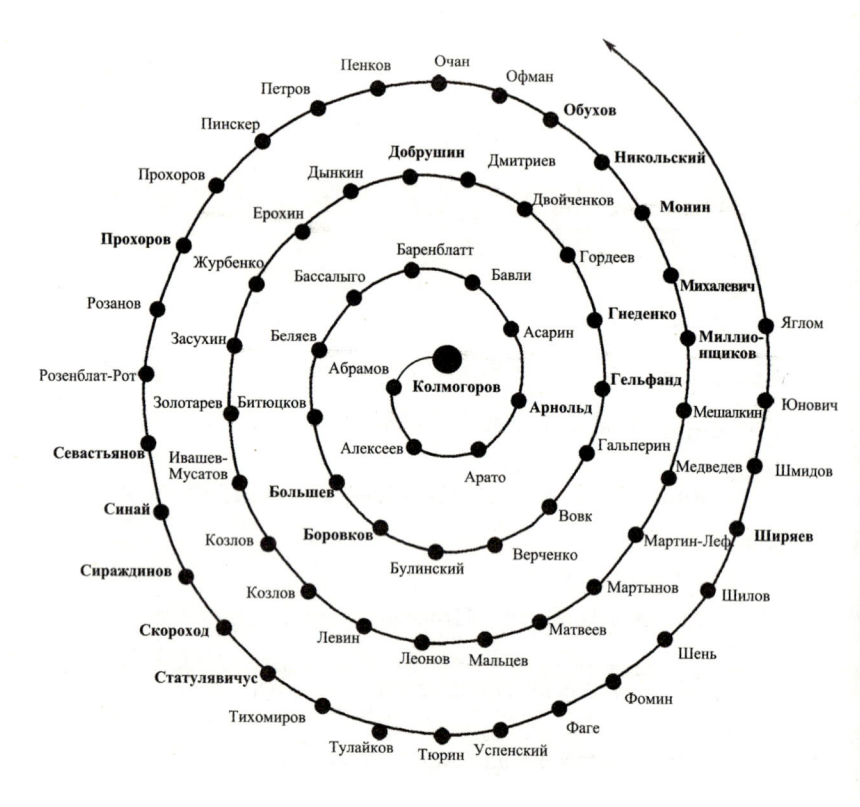

附图 1

9. Миллионщиков Михаил Дмитриевич — акад. 密里奥西可夫

10. Михалевич В. С. — акад. 密哈列维奇

11. Монин А. С. — чл. коор. 莫尼

12. Никольский С. М. — акад. 尼考尔斯基

13. Обухов А. М. —акад. 奥布浩夫

14. Прохоров Ю. В. —акад. 普若浩若夫

15. Севастьянов Б. А. —чл. коор. 塞瓦斯提扬诺夫

16. Синай Я. Г. —акад. 斯纳依

17. Сираждинов С. Х. —акад. Уз. 斯让日季诺夫

18. Скороход А. В. —акад. 斯括若霍德

19. Статулявичус В. А. —акад. Лит. 斯塔图扬维区斯

20. Ширяев Альберт Николаевич — чл. коор. 舍尔雅耶夫

译后记

本书的编译工作接近尾声,我时常回忆起当年柯尔莫戈洛夫(А. И. Колмогоров)对中国古代数学史研究走向世界所起到的促进作用。

1957年,苏联学术期刊《数学史研究》发表了翻译成俄文的《九章算术》,这是历史上第一个外文语种的《九章算术》,由当时在莫斯科大学数力系就读的研究生别廖兹金娜(Э. И. Берёзкина)翻译完成。

我在莫斯科大学学习期间,曾经到已经在俄罗斯科学院自然科学史所工作的别廖兹金娜家拜访她。

我很好奇别廖兹金娜为什么选择中国古代数学史研究方向。别廖兹金娜告诉我,她是在柯尔莫戈洛夫的建议之下,选择了研究中国古代数学史。当时,正是苏联数学发展的鼎盛时期,苏联数学家很关注数学的发展历史,柯尔莫戈洛夫撰写过数学史文章,他认为对中国古代数学的研究很重要。

但是,当时没有中国古代数学原著的译文文献,将这些原著译成外文是一件基础性且很重要的工作。在柯尔莫戈洛夫的建议下,别廖兹金娜选择了《九章算术》,开始了将其翻译成俄文的工作。

别廖兹金娜研究中国古代数学时的最大困难是缺乏资料。20 世纪 50 年代,我国派遣了一些学生留学苏联,别廖兹金娜就向当时在莫斯科大学数学力学系留学的孙永生先生(当时是北京师范大学数学系青年教师,1954—1958 年在苏联留学)等中国留学生求助。于是,孙先生写信给自己的同事严士健先生,请严先生帮助购买并邮寄有关中国古代数学的资料,严先生就为别廖兹金娜邮寄了中国古代数学史原著和研究文献。

在本书的编译中,我们发现了柯尔莫戈洛夫这位伟大的数学家对于"数学发现"的一段珍贵阐述:

В каждый данный момент существует лишь тонкий слой между тривиальным и недоступным. В этом слое и делаются математические открытия.

——А. Колмогоров

吴帆在查阅这段话的英文引用时了解到,这段话出自柯尔莫戈洛夫 1943 年 9 月 14 日的日记:

At a given moment there is only a fine layer between the 'trivial' and the impossible. Mathematical discoveries are made in this layer.

—Andrey Kolmogorov

(his diary，14 September，1943)

这是柯尔莫戈洛夫的学生 Shiryaev 的鞅论论文英译本中的引用，译者是 R. Cooke。

根据柯尔莫戈洛夫的俄文原句和英文翻译，将这段话译为：

"平凡"与"不可能"之间从来都只隔了薄薄的一层，数学发现正是在这个层面上做出来的。

—— 柯尔莫戈洛夫

如何理解和翻译这段话？其中的"平凡"和"不可能"是指什么呢？这个"不可能"是不是意味着不平凡？

吴帆认为，他是在谈研究题材的选择这样一个方向性的问题。一个数学问题如果得到"trivial"的评价，就没有了发表的价值；如果被评价为"impossible"，那研究就做不动了。要研究出有意思的结果来，就不能不对研究题材有所取舍。在 Nahin 的书中，把二体问题与三体问题拿来做柯尔莫戈洛夫这句话的注解。所以，二体问题是平凡的习题，三体问题是不可解的难题。

柯尔莫戈洛夫的数学研究经历、对数学和数学思想的认识和理解，以及对后人学习数学的启迪，都将和他的数学贡献一样被载入史册。

姚 芳

2020 年 10 月

数学高端科普出版书目

数学家思想文库

书　名	作　者
创造自主的数学研究	华罗庚著;李文林编订
做好的数学	陈省身著;张奠宙,王善平编
埃尔朗根纲领——关于现代几何学研究的比较考察	[德]F. 克莱因著;何绍庚,郭书春译
我是怎么成为数学家的	[俄]柯尔莫戈洛夫著;姚芳,刘岩瑜,吴帆编译
诗魂数学家的沉思——赫尔曼·外尔论数学文化	[德]赫尔曼·外尔著;袁向东等编译
数学问题——希尔伯特在1900年国际数学家大会上的演讲	[德]D. 希尔伯特著;李文林,袁向东编译
数学在科学和社会中的作用	[美]冯·诺伊曼著;程钊,王丽霞,杨静编译
一个数学家的辩白	[英]G. H. 哈代著;李文林,戴宗铎,高嵘编译
数学的统一性——阿蒂亚的数学观	[英]M. F. 阿蒂亚著;袁向东等编译
数学的建筑	[法]布尔巴基著;胡作玄编译

数学科学文化理念传播丛书·第一辑

书　名	作　者
数学的本性	[美]莫里兹编著;朱剑英编译
无穷的玩艺——数学的探索与旅行	[匈]罗兹·佩特著;朱梧槚,袁相碗,郑毓信译
康托尔的无穷的数学和哲学	[美]周·道本著;郑毓信,刘晓力编译
数学领域中的发明心理学	[法]阿达玛著;陈植荫,肖奚安译
混沌与均衡纵横谈	梁美灵,王则柯著
数学方法溯源	欧阳绛著

书　名	作　者
数学中的美学方法	徐本顺,殷启正著
中国古代数学思想	孙宏安著
数学证明是怎样的一项数学活动?	萧文强著
数学中的矛盾转换法	徐利治,郑毓信著
数学与智力游戏	倪进,朱明书著
化归与归纳・类比・联想	史久一,朱梧槚著

数学科学文化理念传播丛书・第二辑

书　名	作　者
数学与教育	丁石孙,张祖贵著
数学与文化	齐民友著
数学与思维	徐利治,王前著
数学与经济	史树中著
数学与创造	张楚廷著
数学与哲学	张景中著
数学与社会	胡作玄著

走向数学丛书

书　名	作　者
有限域及其应用	冯克勤,廖群英著
凸性	史树中著
同伦方法纵横谈	王则柯著
绳圈的数学	姜伯驹著
拉姆塞理论——入门和故事	李乔,李雨生著
复数、复函数及其应用	张顺燕著
数学模型选谈	华罗庚,王元著
极小曲面	陈维桓著
波利亚计数定理	萧文强著
椭圆曲线	颜松远著